U0192688

高等院校系列教材

新编计算机基础教程与实验

主　编　芦静蓉　陆银梅　王栋栋
副主编　冯新红　何新初　于立洋
参　编　王　蓉　吕晓云　孟祥军　蔡路政

机械工业出版社

计算机技术发展迅速，操作系统和办公软件不断推出新的版本，目前Windows 10 操作系统和 Office 2016 办公软件是最常用的版本，全国计算机等级考试也已改用该版本，因此本书以 Windows 10 和 Office 2016 为平台，讲授计算机的基础知识和基本操作，非常适合普通高等院校、成人教育院校、职业技术学院的各专业计算机基础课教学使用，本书也可作为各类计算机培训班的教材或初学者的自学用书。

图书在版编目（CIP）数据

新编计算机基础教程与实验／芦静蓉，陆银梅，王栋栋主编 . —北京：机械工业出版社，2021.7（2025.1重印）
高等院校系列教材
ISBN 978-7-111-68772-6

Ⅰ.①新⋯　Ⅱ.①芦⋯ ②陆⋯ ③王⋯　Ⅲ.①电子计算机-高等学校-教材　Ⅳ.①TP3

中国版本图书馆 CIP 数据核字（2021）第 143847 号

机械工业出版社（北京市百万庄大街 22 号　邮政编码 100037）
策划编辑：王玉鑫　责任编辑：王玉鑫
责任校对：赵　燕　封面设计：张　静
责任印制：单爱军
北京虎彩文化传播有限公司印刷
2025 年 1 月第 1 版第 3 次印刷
184mm×260mm · 15 印张 · 381 千字
标准书号：ISBN 978-7-111-68772-6
定价：45.00 元

电话服务　　　　　　　网络服务
客服电话：010-88361066　机 工 官 网：www.cmpbook.com
　　　　　010-88379833　机 工 官 博：weibo.com/cmp1952
　　　　　010-68326294　金 书 网：www.golden-book.com
封底无防伪标均为盗版　机工教育服务网：www.cmpedu.com

前　言

　　计算机应用能力已成为现代职业生涯中必备能力之一，计算机基础课程也已成为各高等院校开设的重要基础课程。本书以计算机基础知识和 Office 综合应用为主要内容，注重项目实践，通过教、学、练相结合的教学模式，引入相应知识点和有关概念及操作步骤、技巧。书中每个项目配合相应的实验指导与习题，即学即练，进一步强化读者的实际动手能力，提高读者的办公软件操作技能。

　　全书共 6 个项目，分别为计算机基础知识、Windows 10 操作系统、文字处理软件——Word 2016、数据处理软件——Excel 2016、演示文稿制作软件——PowerPoint 2016 和计算机网络基础。书中精心设计了结构紧凑、常用实用的案例，内容丰富、步骤详细、图文并茂、通俗易懂，能有效提高读者的学习兴趣，强化训练读者的计算机操作水平。每个项目通过项目导读和学习目标引入知识内容，结合丰富的实验操作题和习题进行操作训练，使读者的理论知识与实际应用能有效结合，实现融会贯通。

　　通过本书的学习与训练，读者能熟练掌握计算机操作的原理和方法，并以此为平台快速适应各种版本的 Windows 操作系统和 Office 办公软件，进行计算机应用。

编　者

目　录

项目 1

计算机基础知识

【项目导读】

计算机是 20 世纪最重大的发明之一，计算机技术的应用范围，从最初的军事领域迅速扩展到社会生活的方方面面，相关技术的迅猛发展，最大程度冲击着人类创造的物质基础、思维方式和信息交流手段，冲击着人类生活的各个领域，改变着人们的思维观念和生存方式。因此，掌握计算机的使用，是学习、工作和生活中一项必不可少的基本技能。通过本项目的学习，大家可以了解计算机的基础知识，包括计算机系统的组成和计算机安全的相关内容。

【学习目标】

1. 熟悉计算机的发展简史、应用领域。
2. 掌握计算机软硬件系统的组成。
3. 熟练掌握键盘使用方法。

1.1　计算机的发展

1.1.1　电子计算机的发展阶段

1946 年，在美国宾夕法尼亚大学世界上第一台电子数字计算机 ENIAC（Electronic Numerical Integrator And Calculator，电子数值积分计算机）诞生了，它标志着计算机时代的到来。

从第一台计算机的诞生到现在，计算机已走过了半个多世纪的发展历程。在这期间，计算机的系统结构不断变化，应用领域也在不断拓宽。人们根据计算机所采用的逻辑器件的演变对计算机进行了分代，如表 1-1 所示。

表 1-1　计算机发展的四个时代

发展时代	第一代 （1946—1955 年）	第二代 （1956—1963 年）	第三代 （1964—1971 年）	第四代 （1972 年至今）
主机电子器件	电子管	晶体管	中小规模集成电路	大规模或超大规模集成电路
内存	汞延迟线	磁芯存储器	半导体存储器	半导体存储器
外存储器	穿孔卡片、纸带	磁带	磁带、磁盘	磁盘、磁带、光盘等大容量存储器
处理速度 （每秒指令数）	几千条	几百万条	几千万条	数亿条以上

第一代计算机,从第一台计算机诞生,直至 20 世纪 50 年代后期的计算机,基本物理器件采用电子管。第一代计算机体积大、能耗高、速度慢、容量小、价格昂贵,主要用于科学计算和军事。

第二代计算机,20 世纪 50 年代后期到 60 年代中期,采用晶体管作为基本物理器件,计算机的应用范围从科学计算扩展到非数值计算领域。相对于第一代计算机,第二代计算机体积小、成本低、功能强、可靠性高,不仅用于军事和尖端技术上,同时也被用于工程设计、数据处理、信息管理等方面。

第三代计算机,1964 年 4 月 IBM 公司推出了采用新概念设计的计算机 IBM360,宣布第三代计算机诞生。这一时期,逻辑器件采用集成电路,称为中小规模集成电路计算机,计算机同时向标准化、多样化、通用化、系列化方向发展。系统软件有了很大发展,出现了分时操作系统和会话式语言,采用结构化程序设计方法,为复杂软件的研制提供技术上的保障。计算机开始广泛应用在各个领域。

第四代计算机,始于 20 世纪 70 年代初,以大规模或超大规模集成电路为计算机的主要功能部件,大规模集成电路把相当于 2000 个晶体管的电子元件集中在一个 $4mm^2$ 的硅片上,高集成度的半导体存储器取代了服役达 20 年之久的磁芯存储器。计算机成本进一步降低,体积进一步缩小,功能和可靠性进一步得到提高。在系统结构方面,并行处理技术、分布式计算机系统和计算机网络等都有了很大的发展;在软件方面,发展了数据库系统、分布式操作系统、高效而可靠的高级语言以及面向对象技术等。

1.1.2　计算机的分类

1. 按计算机的用途划分

按计算机的用途划分,计算机可分为专用计算机与通用计算机。

专用计算机是针对某一特定应用领域,为解决某些特定问题而设计的。其结构比较简单,成本低,可靠性好,但功能单一。

通用计算机是针对多种应用领域或者面向多种算法而研制的,系统结构较为复杂,有较丰富的通用系统软件,其通用性强,功能全,能适应多种用户的需求,成本则较专用计算机高。目前生产的计算机多数是通用计算机。

2. 按信息的表示和处理方式划分

按信息的表示和处理方式划分,计算机可分为数字电子计算机、模拟电子计算机及数字模拟混合电子计算机。

数字电子计算机,信息用离散的二进制形式代码串表示。其特点是计算精度高,便于信息存储,通用性强。

模拟电子计算机,信息用连续变化的模拟量表示,其运算部件主要由运算放大器及一些有源或无源的网络组成。其运算速度很快,但精度不高,通用性不强,每当数学模型和运算方法变化时,就需要重新设计和编排电路。

数字模拟混合电子计算机,吸取上述两种计算机之长,既有数字量又有模拟量,既能高速运算,又便于存储,但设计困难,造价昂贵。

后两种计算机目前很少生产,通常所说的电子计算机就是指数字电子计算机。

3. 按规模和处理能力分类

巨型计算机(Supercomputer),通常是指体积大、高速度、价格最昂贵的计算机。例如，目前世界上运行最快的超级计算机的峰值运算速度为每秒44.2亿亿次。我国的"神威·太湖之光"排名第四。在2021年全球超级计算机500强榜单中，我国共有186台超算上榜，仍蝉联世界第一。巨型机一般用于国防和尖端科学领域。"

大型计算机（Mainframe），包括我们通常所说的大、中型计算机。这是在微型机出现之前最主要的计算模式，即把大型主机放在计算中心的玻璃机房中，用户要上机就必须去计算中心的终端上工作。大型主机经历了批处理阶段、分时处理阶段，进入了分散处理与集中管理的阶段。IBM公司一直在大型主机市场处于霸主地位，DEC、富士通、日立、NEC公司也生产大型主机。不过，随着微机与网络的迅速发展，许多计算中心的大型机器正在被高档微机群取代。

小型计算机（Minicomputer），由于大型主机价格昂贵，操作复杂，只有大企业大单位才能买得起。在集成电路推动下，20世纪60年代DEC公司推出一系列小型机，如PDP-11系列、VAX-11系列。HP公司生产的1000、3000系列机及DEC公司生产的VAX系列机、IBM公司生产的AS/400机，以及我国生产的太极系列机都是小型计算机的代表。小型计算机一般为中小型企事业单位或某一部门所用，例如，高等院校的计算机中心都以一台小型机为主机，配以几十台甚至上百台终端机，以满足大量学生学习程序设计课程的需要。当然，其运算速度和存储容量都比不上大型主机。

微型计算机（Personal Computer），简称微机，这是目前发展最快的领域。根据它所使用的微处理器芯片的不同而分为若干类型：使用Intel芯片386、486以及奔腾等IBM PC及其兼容机；使用IBM-Apple-Motorola联合研制的PowerPC芯片的机器，苹果公司的Macintosh已有使用这种芯片的机器；DEC公司推出使用它自己的Alpha芯片的机器。PC的特点是轻、小、价廉、易用。在过去20多年中，PC使用的CPU芯片平均每两年集成度增加一倍，处理速度提高一倍，价格却降低一半。随着芯片性能的提高，PC的功能越来越强大。今天，微机的应用已遍及各个领域，从工厂的生产控制到政府的办公自动化，从商店的数据处理到个人的学习娱乐，几乎无处不在，无所不用。目前，微机占整个计算机装机量的95%以上。

1.2　计算机系统概述

计算机是一个复杂庞大的系统，微型计算机系统由硬件系统和软件系统两部分组成。硬件系统是计算机系统存在的基础，而软件系统是计算机系统的灵魂，运行于硬件系统之上，是用户与计算机交互的接口。两者相辅相成，紧密配合地完成各项工作。微型计算机系统的组成如图1-1所示。

硬件是物质基础，软件是指挥枢纽、灵魂，软件发挥如何管理和使用计算机的作用。硬件泛指实际的物理设备，主要包括运算器、控制器、存储器、输入设备和输出设备五部分。没有安装任何软件的计算机叫"裸机"，而只有硬件的裸机是无法运行的，还需要软件的支持。软件是指为解决问题而编制的程序及其文档。计算机软件包括计算机本身运行所需要的系统软件和用户完成任务所需要的应用软件。计算机是依靠硬件系统和软件系统的协同工作来执行给定任务的，如图1-2所示。

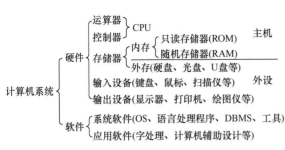

图 1-1　硬件系统和软件系统

图 1-2　计算机系统组成

1.2.1　计算机硬件系统

计算机硬件系统是指计算机系统中由电子、机械、磁性和光电元件组成的各种计算机部件和设备，虽然目前计算机的种类很多，但从功能上都可以划分为五大基本组成部分，它们是运算器、控制器、存储器、输入设备和输出设备。它们之间的关系如图 1-3 所示。其中黑

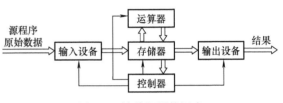

图 1-3　计算机硬件组成

箭头表示由控制器发出的控制信息流向，白箭头为数据信息流向。

1. 计算机硬件系统的组成

（1）运算器　运算器是对数据进行加工处理的部件，它在控制器的作用下与内存交换数据，负责进行各类基本的算术运算、逻辑运算和其他操作。在运算器中含有暂时存放数据或结果的寄存器。运算器由算术逻辑单元（Arithmetic Logic Unit，ALU）、累加器、状态寄存器和通用寄存器等组成。ALU 是用于完成加、减、乘、除等算术运算，与、或、非等逻辑运算以及移位、求补等操作的部件。

（2）控制器　控制器是整个计算机系统的指挥中心，负责对指令进行分析，并根据指令的要求，有序地、有目的地向各个部件发出控制信号，使计算机的各部件协调一致地工作。控制器由指令指针寄存器、指令寄存器、控制逻辑电路和时钟控制电路等组成。

运算器和控制器统称为中央处理器（Central Processing Unit，CPU），是计算机系统中必备的核心部件，如图 1-4 所示。CPU 由运算器和控制器组成，分别由运算电路和控制电路实现。

寄存器也是 CPU 的一个重要组成部分，是 CPU 内部的临时存储单元。寄存器既可以存放数据和地址，又可以存放控制信息或 CPU 工作的状态信息。通常把具有多个 CPU 同时去执行程序的计算机系统称为多处理器系统。依靠多个 CPU 同时并行地运行程序是实现超高速计算的一个重要方向，称为并行处理。

图 1-4　CPU

CPU 品质的高低，直接决定了一个计算机系统的档次。反映 CPU 品质的最重要指标是

主频和数据传送的位数。主频说明了 CPU 的工作速度，主频越高，CPU 的运算速度越快。CPU 传送数据的位数是指计算机在同一时间能同时并行传送的二进制信息位数。

（3）存储器　计算机系统的一个重要特征是具有极强的"记忆"能力，能够把大量计算机程序和数据存储起来。存储器是计算机系统内最主要的记忆装置，既能接收计算机内的信息（数据和程序），又能保存信息，还可以根据命令读取已保存的信息。

存储器按功能可分为主存储器（内存储器）和辅助存储器（外存储器）。主存储器是相对存取速度快而容量小的一类存储器，辅助存储器则是相对存取速度慢而容量很大的一类存储器。

一个存储器中所包含的字节数称为该存储器的容量，简称存储容量。存储容量通常用 KB、MB 或 GB 表示，其中 B 是字节（Byte），并且 1KB = 1024B，1MB = 1024KB，1GB = 1024MB，1TB = 1024GB。例如，640KB 就表示 640 × 1024B = 655360B。

1）内存储器。现代的内存储器多半是半导体存储器，采用大规模集成电路或超大规模集成电路器件。内存储器按其工作方式的不同，可以分为随机存取存储器（简称随机存储器或 RAM）和只读存储器（简称 ROM）。

随机存储器，允许随机的按任意指定地址向内存单元存入或从该单元取出信息，对任一地址的存取时间都是相同的。由于信息是通过电信号写入存储器的，所以断电时 RAM 中的信息就会消失。计算机工作时使用的程序和数据等都存储在 RAM 中，如果对程序或数据进行修改之后，应该将它存储到外存储器中，否则关机后信息将丢失。通常所说的内存大小就是指 RAM 的大小，一般内存 4GB 以上支持 64 位操作系统的安装。

只读存储器，是只能读出而不能随意写入信息的存储器。ROM 中的内容是由厂家制造时用特殊方法写入的，或者要利用特殊的写入器才能写入。当计算机断电后，ROM 中的信息不会丢失。当计算机重新被加电后，其中的信息保持原来的不变，仍可被读出。ROM 适宜存放计算机启动的引导程序、启动后的检测程序、系统最基本的输入输出程序、时钟控制程序以及计算机的系统配置和磁盘参数等重要信息。

2）外存储器。PC 常用的外存储器有硬磁盘（简称硬盘）、光盘、移动存储设备等。

硬盘有机械硬盘（HDD，传统硬盘）、固态硬盘（SSD，新式硬盘）、混合硬盘（HHD，基于传统机械硬盘诞生出来的新硬盘）。

机械硬盘（Mechanical Hard Disk），如图 1-5 所示硬盘大多由多个盘片组成，此时，除了每个盘片要分为若干个磁道和扇区以外，多个盘片表面的相应磁道将在空间上形成多个同心圆柱面。通常情况下，硬盘安装在计算机的主机箱中，存储空间比较大，目前主流硬盘容量以 TB 为单位。便携式移动硬盘，通过 USB 接口和计算机连接，方便用户携带大容量的数据。

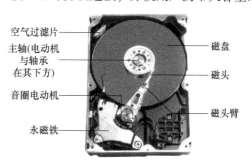

图 1-5　机械硬盘

固态硬盘（Solid State Drives），如图1-6所示，用固态电子存储芯片阵列制成的硬盘，由控制单元和存储单元（FLASH芯片、DRAM芯片）组成。固态硬盘在接口的规范和定义、功能及使用方法上与普通硬盘完全相同，在产品外形和尺寸上也完全与普通硬盘一致，被广泛应用于军事、车载、工控、视频监控、网络监控、网络终端、电力、医疗、航空、导航设备等。

光盘寿命长、成本低，也相当普及，如图1-7所示。光盘的读写是通过光盘驱动器中的光学头用激光束来读写的。目前，用于计算机系统的光盘有三类：只读光盘（CD-ROM）、一次写入光盘（CD-R）和可擦写光盘（CD-RW）。

图1-6　固态硬盘　　　　　　　　　　　图1-7　光盘

（4）输入设备　计算机中常用的输入设备是键盘和鼠标。

1）键盘。键盘通过一根五芯电缆连接到主机的键盘插座内，其内部有专门的微处理器和控制电路，当操作者按下任一键时，键盘内部的控制电路产生一个代表这个键的二进制代码，然后将此代码送入主机内部，操作系统就知道用户按下了哪个键。

现在的键盘通常有101键键盘和104键键盘两种，目前较常用的是104键键盘，如图1-8所示。

2）鼠标。鼠标也是常见的输入设备，鼠标可以方便准确地移动光标进行定位，因其外形酷似老鼠而得名，如图1-9所示。

图1-8　键盘　　　　　　　　　　　　　图1-9　鼠标

根据结构的不同，鼠标有机械式、光电式和无线式等种类。

机械鼠标，其底部有一个橡胶小球，当鼠标在水平面上滚动时，小球与平面发生相对转动而控制光标移动，已基本被淘汰。

光电鼠标，其对光标进行控制的是鼠标底部的两个平行光源，当鼠标在特殊的光电板上移动时，光源发出的光经反射后转化为移动信号，控制光标移动。

无线鼠标，分为无线电和红外线两种。红外线穿透力差，在发送和接收口前只要有遮挡物存在就会严重影响使用；而无线电则不用担这个心，即使在发射和接收口前放上厚厚的书本也毫无影响。无线鼠标要能够正常地工作，必须安装一个信号接收器，而传统无线鼠标的接收器都是采用红外线技术的，需要将发射器对准接收器成一直线，且其间不可有障碍物；但采用了最新无线电技术的无线鼠标则没有这个限制，在一定范围内，即使有障碍物也可以正常工作。

（5）输出设备　计算机常用的输出设备为显示器和打印机。

1）显示器。显示器通常也被称为监视器。显示器是目前计算机中最常用的视频输出设备。它的类型很多，根据显像管的不同可分为三种类型：阴极射线管（CRT）、发光二极管（LED）和液晶（LCD）显示器，如图1-10和图1-11所示。其中阴极射线管显示器常用于台式机，已被淘汰；发光二极管显示器常用于单板机；液晶显示器普遍应用于笔记本计算机、台式计算机中。

图1-10　阴极射线管（CRT）显示器

图1-11　液晶（LCD）显示器

2）打印机。打印机也是计算机系统中常用的输出设备，目前常用的打印机有点阵打印机、喷墨打印机和激光打印机三种。

点阵打印机又称为针式打印机，有9针和24针两种，如图1-12所示。针数越多，针距越密，打印出来的字就越美观。针打的主要优点是：价格便宜、维护费用低、可复写打印，适合于打印蜡纸。缺点是：打印速度慢、噪声大、打印质量稍差。目前针式打印机主要应用于银行、税务、商店等的票据打印。

喷墨打印机是通过喷墨管将墨水喷射到普通打印纸上而实现字符或图形的输出，如图1-13所示。主要优点是：打印精度较高、噪声低、价格便宜。缺点是：打印速度慢，由于墨水消耗量大，使日常维护费用高。

激光打印机具有精度高、打印速度快、噪声低等优点，已越来越成为办公自动化的主流产品。随着普及性的提高，其价格也将大幅度下降。激光打印机的一个重要指标就是DPI（每英寸点数），即分辨率。分辨率越高，打印机的输出质量就越好，如图1-14所示。

图1-12　点阵打印机

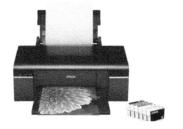
图1-13　喷墨打印机

图1-14　激光打印机

（6）其他设备　除以上介绍的计算机的基础硬件外，还有许多其他的常用设备，下面对几种典型设备加以介绍。

1）机箱。机箱从外观上分为卧式和立式两种。机箱一般包括外壳、用于固定驱动器的支架、面板上必要的开关、指示灯和显示数码管等。配套的机箱内还有电源。

通常在主机箱的正面都有电源开关 Power 和 Reset 按钮，Reset 按钮用来重新启动计算机系统（有些机器没有 Reset 按钮）。在主机箱的背面配有电源插座，用来给主机及其他的外部设备提供电源。一般的 PC 都有并行接口和 USB 接口（通用串行总线），并行接口用于连接打印机，USB 接口用于连接鼠标、键盘、扫描仪等设备。另外，通常 PC 还配有一排扩展卡插口，用来连接其他的外部设备。

2）主板。打开主机箱后，可以看到位于机箱底部的一块大型印制电路板，称为主板（Main Board），也称为系统板（System Board）或母板（Mother Board）。

如图 1-15 所示，主板上通常有微处理器插槽、内存储器（ROM、RAM）插槽、输入输出控制电路、扩展插槽、键盘接口、面板控制开关和与指示灯相连的接插件等。

主板上有一些插槽或 I/O 通道，不同的 PC 所含的扩展槽个数不同。扩展槽可以随意插入某个标准选件，例如显卡、声卡、视频采集卡、电视卡、网卡等。主板上的总线并行地与扩展槽相连，数据、地址和控制信号由主板通过扩展槽送到选件板，再传送到与 PC 相连的外部设备上。

图 1-15　主板

3）新一代的 PC 接口标准。USB 1.0 是在 1996 年出现的，速度只有 12Mbit/s；两年后升级为 USB 1.1，速度没有任何改变，仅改变了技术细节，至今在部分旧设备上还能看到这种标准的接口；2000 年 4 月 USB 2.0 推出，速度达到了 480Mbit/s，是 USB 1.1 的 40 倍；如今 USB 2.0 的速度已经无法满足应用需要，USB 3.0 得到普及。2019 年 3 月 USB 3.0 Promoter Group 联盟公布了 USB 4 规范，为下一代 USB 提供架构，传输速度最高可达 40Gbit/s。

4）手写笔。手写笔是手写系统中一个很重要的部分。早期的输入笔要从手写板上输入电源，因此笔的尾部有一根电缆与手写板相连，这种输入笔也称为有线笔。早期的手写笔只有一级压感功能，只能感应到单一的笔迹，而现在的产品都具有压力感应功能，即除了能检测出用户是否划过某点外，还能检测出用户划过该点时的压力有多大，以及倾斜角度是多少。有了压感能力之后，用户就可以把手写笔当作画笔、水彩笔、钢笔和喷墨笔来进行书法书写、绘画或签名，远远超出了一般的写字功能。另外，在手写设备中集成语音识别功能也是一大趋势，许多厂商均已将语音识别技术整合到自己的产品中，如汉王笔等。

除了硬件外，手写笔的另一项核心技术是手写汉字识别软件，目前各类手写笔的识别技术都已相当成熟，识别率和识别速度也完全能够满足实际应用的要求。

5）手写板。手写绘图输入设备对计算机来说是一种输入设备，最常见的是手写板，其作用和键盘类似。当然，基本上只局限于输入文字或者绘画，也带有一些鼠标的功能，如图 1-16所示。手写板还可以用于精确制图，如可用于电路设计、CAD 设计、图形设计、自由绘画以及文本和数据的输入等。手写板有的集成在键盘上，有的是单独使用，单独使用的手写板一般使用 USB 口或者串口。在手写板的日常使用上，除用于文字、符号、图形等输入外，还可提供光标定位功能，从而手写板可以同时替代键盘与鼠标，成为一种独立的输入工具。

6）移动存储设备。U 盘是一种新型的随身型移动存储设备，符合 USB 标准，通过 USB 接口与计算机交换数据，支持即插即用，在 Windows Me/Windows 2000 以上版本操作系统下无须安装任何驱动程序，使用非常方便。U 盘的读写速度非常快，小巧便于携带、存储容量大、价格便宜、性能可靠、使用方便。另外，U 盘采用 Flash 作为存储介质，无机械读写部件，所以不仅数据保持能力非常强，抗电磁干扰，而且抗震能力也非常强，如图 1-17 所示。U 盘采用世界上最先进的存储和移动传输技术，加上为方便使用而用心设计的造型，是移动办公及文件交换的最佳选择。

移动硬盘（Mobile Hard Disk）顾名思义是以硬盘为存储介质，在计算机之间交换大容量数据，绝大多数的移动硬盘都是以标准硬盘为基础的。移动硬盘可以提供相当大的存储容量，是一种性价比较高的移动存储产品，如图 1-18 所示。市场中的移动硬盘能提供 320GB～12TB 的容量，最高可达 14TB 的容量，被大众广泛接受。优点是容量大、兼容性好、即插即用、速度快、体积小、质量小、安全可靠。随着技术的发展，移动硬盘的容量将越来越大，体积越来越小。

图 1-16　手写板　　　　　图 1-17　U 盘　　　　　图 1-18　移动硬盘

7）CD-R/RW 刻录机。CD-R（CD-Recorder 或 CD-Recordable）刻录机，这种光盘驱动器在刻录光盘时，一张光盘只可以让用户写一次，其数据格式与 CD-ROM 相同。CD-R 规范由菲利浦公司（Philips）和索尼公司（Sony）共同制定并于 1990 年颁布，雅马哈公司（Yamaha）在同年推出了第一个 2 倍速 CD-R 驱动器。CD-R 刻录机的读取速度一般为 40 速、48 速、52 速或更高，而写入速度通常为 16 速或 40 速。

CD-RW（CD-ReWritable）刻录机是允许用户在同一张可擦写光盘上反复进行数据擦写操作的光盘驱动器。CD-RW 采用相变技术来存储信息。相变技术是指在盘片的记录层上，某些区域是处于低反射特性的非晶体状态，数据是通过一系列的由非晶体到晶体的变迁来表示。CD-RW 驱动器在进行记录时，通过改变激光强度来对记录层进行加热，从而导致从非晶体状态到晶体状态的变迁。与 CD-R 驱动器相比，CD-RW 具有明显的优势。CD-R 驱动器所记录的资料是永久性的，刻完就无法改变。而 CD-RW 驱动器一旦遭遇刻录失败或需要重写，可立即通过软件下达清除数据的指令，令 CD-RW 光盘重获"新生"，又可重新写入数据。

8）总线。总线是连接计算机中各个部件的一组物理信号线。总线在计算机的组成与发展过程中起着关键性的作用，因为总线不仅涉及各个部件之间的接口与信号交换规则，还涉及计算机扩展部件和增加各类设备时的基本约定。

按所传送信息的不同类型，总线可以分为数据总线 DB（Data Bus）、地址总线 AB（Address Bus）和控制总线 CB（Control Bus）三种类型，通常微型计算机采用三总线结构，如图 1-19 所示。

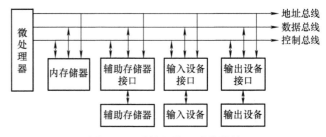

图 1-19　计算机的三总线结构

在计算机系统中，总线使各个部件协调地执行 CPU 发出的指令。CPU 相当于总指挥部，各类存储器提供具体的机内信息（程序与数据），I/O 设备担任着计算机的"对外联络任务"（输入与输出信息），而由总线去沟通所有部件之间的信息流。

PC 的总线结构有 ISA、EISA、VESA、PCI 等几种，目前以 PCI 总线为主流。

2. 微型计算机系统的主要性能指标

（1）字长　字长指计算机一次能够并行处理的二进制数据的位数，字长直接影响到计算机的功能、用途及应用领域。

（2）主频速度　主频速度指计算机的时钟频率，主频在很大程度上决定了计算机的运算速度。

（3）运算速度　运算速度指计算机每秒钟能执行的指令数。常用的单位有 MIPS（每秒百万条指令）。

（4）存储周期　存储周期指存储器连续两次读取（或写入）所需的最短时间，半导体存储器的存储周期在几十到几百纳秒之间。

（5）存储容量　存储容量指内存储器能够存储信息的总字节数。

（6）可靠性　可靠性指在给定时间内计算机系统能正常运转的概率，通常用平均无故障时间表示，无故障时间越长表明系统的可靠性越高。

（7）可用性　可用性指计算机的使用效率，它以计算机系统在执行任务的任意时刻所能正常工作的概率来表示。

（8）可维护性　可维护性指计算机的维修效率，通常用平均修复时间来表示。

其中，主频速度、运算速度、存储周期是衡量计算机速度的不同性能指标。此外，还有一些评价计算机的综合指标，如性能价格比、兼容性、系统完整性、安全性等。

1.2.2　计算机软件系统

计算机硬件系统由大量的、复杂的、特性各异的物理器件组成。这个庞大的军团由谁指挥？用户发出的命令由谁去完成？应用程序提出的请求由谁去实现？计算机中繁杂的数据由谁去管理？用户如何与计算机交流？这些都由计算机系统中的软件系统来实现。

软件系统分为系统软件和应用软件。系统软件包括操作系统、各种语言的编译系统、数据库管理系统和网络管理软件等。应用软件是为各种应用目的而编制的软件。

1. 系统软件

（1）操作系统　系统软件是为整个计算机系统配置的、保障计算机系统正常运行的、与特定应用领域无关的通用软件。在系统软件中，操作系统处于核心地位，负责整个计算机系统的管理和控制，是其他系统软件和应用软件的基础。它直接与计算机硬件相接，与硬件的关系最为密切。

操作系统（Operating System，OS）用来控制和管理计算机的硬、软件资源，合理地组织计算机流程，并方便用户高效地使用计算机的各种程序的集合，是计算机系统必备的系统软件，是用户与硬件的桥梁。操作系统是计算机系统中的第一层软件，它位于所有软件的最内层，是硬件的第一级扩充。它把人与硬件机器隔离开，用户使用计算机时，并不是直接操作硬件机器，而是通过操作系统来控制和使用计算机。正是因为有了操作系统，用户才有可能在不了解计算机内部结构及原理的情况下，仍能自如地使用计算机。例如，当用户向计算机输入一些信息时，根本不必考虑这些输入的信息放在机器的什么地方；当用户将信息存入磁盘时，也不必考虑到底存放在磁盘的哪一段磁道上。用户要做的只是给出一个文件名，而具体的存储工作则完全由操作系统控制计算机来完成。以后，用户只要使用这个文件名就可方便地取出相应信息。如果没有操作系统，除非是计算机专家，普通用户是很难完成这些工作的。

从资源管理的角度来看，操作系统是一组资源管理模块的集合，每个模块完成一种特定的功能。操作系统具有五大管理功能：

1）设备管理：主要是负责内核与外部设备的数据交互，实质是对硬件设备的管理，包括对输入输出设备的分配、初始化、维护与回收等。例如，管理音频输入输出。

2）作业管理：这部分功能主要负责人机交互、图形界面或者系统任务的管理。

3）文件管理：这部分功能涉及文件的逻辑组织和物理组织、目录结构和管理等。从操作系统的角度来看，文件系统是系统对文件存储器的存储空间进行分配、维护和回收，同时负责文件的索引、共享和权限保护。而从用户的角度来说，文件系统是按照文件目录和文件名来进行存取的。

4）进程管理：说明一个进程存在的唯一标志是进程控制块（PCB），负责维护进程的信息和状态。进程管理实质上是系统采取某些进程调度算法来使处理合理地分配给每个任务使用。

5）存储管理：数据的存储方式和组织结构。

从操作人员的角度上讲，操作系统的作业管理和文件管理可见，而进程管理、存储管理和设备管理是不可见的。操作系统提供大量操作控制命令和系统调用命令。操作人员主要是通过操作控制命令来使用操作系统，称为命令执行方式。程序人员利用系统调用命令来调用操作系统功能，称为系统调用方式。

（2）计算机语言　现代计算机解题的一般过程是：用户用高级语言编写程序，与数据一起组成源程序送入计算机，然后由计算机将其翻译成机器语言，在计算机上运行后输出结果。那么常用的计算机语言都有哪些呢？下面我们来简要介绍。

机器语言：最初的计算机使用由"0"和"1"组成的二进制数，二进制是计算机语言的基础。计算机发明之初，计算机只能被少部分人使用，人们需要用0、1组成指令序列交由计算机执行，机器语言的使用与普及都是很令人头疼的问题。对于程序的移植能力几乎没有，所以时间成本、人力成本十分昂贵。机器语言的出现对于未来的计算机语言发展起到了很好的推动作用，所以机器语言也是第一代计算机语言。

汇编语言：汇编语言是在机器语言的基础上诞生的一门语言，用一些简洁的英文字母、符号串来替代一个特定指令的二进制串，提高了语言的记忆性和识别性。对于程序的开发与维护起到了积极作用。汇编语言同样也是直接对硬件进行操作，这样依然局限了它的移植性。但是使用汇编语言针对计算机特定硬件而编制的汇编语言程序，对于计算机硬件的功能和特长的发挥已有了很大进步。

高级计算机语言：在与计算机的不断交流中，人们对计算机程序的移植性需求不断提高，此时急需一种不依赖于特定型号的计算机的语言，用这种语言编写的程序在各种平台都能正常运行。从最初的语言诞生至今，已经相继出现了几百种语言。高级语言的发展也从最初的结构化语言发展成为面向过程语言设计和面向对象语言设计。面向过程语言设计的代表有：C、FORTRAN、COBOL、Pascal、Ada 等语言，而面向对象语言设计的代表则为 Java、C＋＋、C#等语言。

对于面向过程的程序来说，执行顺序是流水线似的，在一个模块被执行完成前，人们不能干别的事，也无法动态地改变程序的执行方向，这恰恰与人们日常处理事情的方式相矛盾。而对于面相对象的程序设计来说，很好地将事物对象的部分抽取归类，各个类与模块之间能相互组合，完成特定的功能，同时又能重复使用。对使用者的技术要求也相对降低。

（3）语言处理程序

1）源程序。用汇编语言和各种高级语言各自规定使用的符号和语法规则编写的程序称为"源程序"。

2）目标程序。将计算机本身不能直接读懂的源程序翻译成相应的机器语言程序，称为"目标程序"。

计算机将源程序翻译成机器指令时，有编译和解释两种方式。编译方式与解释方式的工作过程如图 1-20 所示。

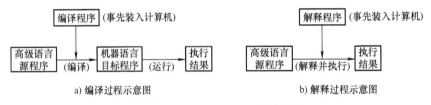

a) 编译过程示意图　　　　　　　　　　　　b) 解释过程示意图

图 1-20　源程序翻译成机器指令的过程

可以看出，编译方式是把源程序用相应地编译程序翻译成机器语言的目标程序，然后再通过连接装配程序，连接成可执行程序，再执行可执行程序而得结果。在编译之后形成的程序称为"目标程序"，连接之后形成的程序称为"可执行程序"，目标程序和可执行程序都是以文件方式存放在磁盘上，再次运行该程序，只需直接运行可执行程序，不必重新编译和连接。

解释方式就是将源程序输入计算机后，用该种语言的解释程序将其逐条解释、逐条执行，执行完只得结果，而不保存解释后的机器代码，下次运行该程序时还要重新解释执行。

（4）数据库管理系统　数据库是统一管理的相关数据集合，而数据库管理系统（Data Base Management System）是指在数据库系统中对数据库进行管理的软件，它是数据库系统的重要组成部分，也是数据库系统的核心。数据库管理系统的主要功能是实现对共享数据的有效组织、管理和存取，同时数据库管理系统必须负责维护数据库，保证数据库的完整性和安全性。数据库管理系统位于用户和操作系统之间，它一方面建立在操作系统基础之上，另一方面支持用户对数据库的各种操作。在数据库管理系统支持下，用户可按逻辑意义抽象地使用数据库中的数据，而不必涉及数据在计算机系统中的存放细节，提高了数据的独立性。

常见的数据库管理系统有：Access、SQL Server、FoxPro、Oracle 等。

2. 应用软件

应用软件是指为某类应用需要或解决某个特定问题而设计的程序，如文字处理软件、图形软件、财务软件、软件包等，这是范围很广的一类软件。在计算机应用中，应用软件发挥着巨大的作用，承担了许多应用任务，如人事管理、财务管理、图书管理等。按照应用软件使用面的不同，一般可将应用软件分为以下两类：专用应用软件和通用应用软件。专用应用软件是指为解决专门问题而定制的软件。它按照用户的特定需求而专门开发，其应用面窄，往往只局限于本单位或部门使用，如某高校教学管理系统、超市销售系统、铁路运行调度管理系统等。通用应用软件是指为解决较普遍性的问题而开发的软件，其可广泛应用于各领域，如办公软件、计算机辅助设计软件、图形图像处理软件、电子书刊阅读软件、多媒体音乐播放软件、视频播放软件等。它们在计算机应用普及进程中，被迅速推广流行，又反过来推进了计算机应用的进一步普及。

也有一些应用软件被称为工具软件，或称实用工具软件。它们一般较小，功能相对单一，但却是解决一些特定问题的有力工具，如下载软件、阅读器、防病毒软件等。

以下简单介绍几种常见的应用软件。

（1）办公软件　现代办公涉及对文字、数字、表格、图表、图形、图像以及音频和视频等多种媒体信息的处理，为了实现办公信息处理的自动化，针对不同的信息数据的处理和不同的应用，必须使用不同类型的办公软件。办公软件一般包括文字处理、桌面排版、幻灯演示、电子表格等。常用的办公系列软件有 Microsoft 公司的 Microsoft Office 和金山公司的 WPS Office。它们都是运行在 Windows 操作系统环境下的应用软件，拥有优秀的办公处理功能和方便易用的特点，在很大程度上满足了单位和家庭用户办公的需求，深受广大用户的喜爱。常用办公软件有：

1）文字处理软件。文字处理软件的主要功能是将中英文字符、表格输入到计算机，进行存储、编辑、排版等，并可以各种所需的形式显示、打印。目前的字处理软件不仅可以方便地处理图表，如图形、图片、表格、艺术字、数学公式等，也可以处理声音等多媒体信息。最常用的文字处理软件有 Microsoft Word、WPS Office 金山文字等。

2）演示文稿软件。演示文稿软件是用于制作幻灯片和演示文稿等，它可通过计算机播放文字、图形、声音和动画等多媒体信息，广泛用于多媒体教学、产品宣传、会议演讲、学术报告、现场展示等。常见多媒体演示软件有 Microsoft PowerPoint、WPS Office 金山演示等。

3）电子表格软件。电子表格软件发挥了计算机强大的计算和数据管理功能，通过在表格中输入文字、数字或公式，利用大量的内置库函数方便快捷地进行统计和运算，并可根据计算的结果进行分析，生成各种统计图表，以评价、预测发展趋势，提供决策支持。常见的电子表格处理软件有 Microsoft Excel、WPS Office 金山表格、Lotus 1-2-3 等。

4）网页制作软件。随着互联网的普及，网页制作软件也迅速发展。网页制作软件可以让用户不必使用 HTML 就可编写网页的文本、装配图形元素、超链接到其他网站，为用户快速、方便地浏览网络上的信息提供了方便、快捷的途径。常用的网页制作软件有：Microsoft FrontPage、Macromedia Dreamweaver、Claris Page 等，Microsoft Word 软件也提供了将 Word 文档转换成 HTML 文档的功能。

5）桌面出版软件。桌面出版软件在字符及图形设计技术的编辑排版处理方面的功能比文字处理软件更加强大，主要用于报纸、书刊等出版行业，可以提供更复杂、更专业的排版和输出效果。目前国内常用的排版软件有北大方正排版软件、华光排版软件等。随着文字处理软件技术的发展及功能的丰富，其与桌面出版软件之间的差距越来越小，如 Microsoft Word 也已广泛地用于书籍的排版。

（2）图形图像处理软件　随着计算机技术的发展，人们获取信息的方法和数量也越来越多。图形、图像已成为常用的媒体信息。相关的图形、图像处理软件的应用也越来越普遍。在计算机中，图形一般分为两种类型：矢量图形和点阵图形（也称位图）。这两种图形的格式不相同，软件的处理方式也不相同，常用图形和图像处理软件有：

1）图像软件。图像软件主要用于创建和编辑位图文件。在位图文件中图像由像素点组成。位图文件是最本质的图像表示方式，它适合表示真实的场景。Adobe 公司开发的 Photoshop 软件是目前世界上流行的图像处理软件，广泛应用于广告设计、美术编辑、彩色印刷、摄影等领域。此外 Windows 操作系统中自带的 PaintBrush 也是一个简单的图像软件，用户可通过绘图工具在屏幕上简单地创建和编辑图像。

2）图形软件。图形软件主要用于创建和编辑矢量图文件。在矢量图文件中，图形由点、线、圆、椭圆、矩形、多边形等基本图素或体素构成。绘图软件主要应用于工业设计和三维建模等领域。由美国 Autodesk 公司开发的 AutoCAD 是一个通用的交互式绘图软件包，广泛使用在建筑、机械等行业。此外常用的绘图软件还有 Pro/E、UG、CATIA、SolidWorks、CorelDraw、Macromedia FreeHand 等。

3）动画制作软件。计算机动画技术已广泛地应用于影视特技、广告艺术及 Internet 等领域。一般动画软件都包括对各种动画的编辑工具，用户只需根据自己的想法来编排动画，分镜头的处理工作由计算机和软件完成。此外，动画制作软件还提供场景变换、角色更替等功能。3D MAX 是 AutoDesk 公司推出的三维建模和动画制作软件，具有建模、修改模型、赋材质、运动控制、设置灯光和摄像机、插值生成动画以及后期制作等功能。此外常见的动画制作软件还有 Flash、After Effect 等。

（3）Internet 服务软件　Internet 技术的快速发展，对人们的工作、学习和生活都产生了很大的影响。人们可以通过网络完成商业交易、远程诊断、学习、办公、娱乐等。在 Internet 上提供服务的软件有很多，以下仅对 WWW 浏览器、电子邮件和 FTP 文件传输软件作简要介绍。

1）WWW 浏览器软件。WWW 是 "World Wide Web" 的缩写，译为 "万维网"，也称 "全球互联网"，是当今 Internet 上非常受欢迎、非常方便的信息检索服务系统。其使用超文本技术，将 Internet 上现有资源连接起来，使用户能从 Internet 上已经建立了 WWW 服务器的所有站点提取超文本媒体资源文档。WWW 能把各种类型的信息（静止图像、文本、声音、音像）无缝地集成起来，供用户浏览、查询。

要浏览 WWW 的信息，客户机端必须使用浏览器软件。浏览器软件就是客户机端访问 WWW 服务器所用的程序。常见的浏览器软件有 Microsoft Internet Explorer、Netscape Navigator 等。

2）电子邮件软件。电子邮件（Electronic Mail，E-mail）是 Internet 信息服务中用户多和接触面广泛的一类服务。电子邮件的收发过程和普通信件非常相似，所不同的是电子邮件传送的不是实物，而是电子信号，因此它不仅可以传送文字、图形，也可传送声音、视频等各种信息，快速方便，深受广大网络用户的喜爱，已经成为广大用户交换信息的重要途径。

电子邮件功能的实现也是采用客户机/服务器模式。用户一般在客户机上通过客户端的电子邮件软件向提供电子邮件服务的网络服务器发送邮件或从服务器上接收邮件。在客户机端常用的电子邮件软件有 Microsoft Outlook Express、Foxmail、Netscape Messenger 等。

3）FTP 文件传输软件。计算机上所有的信息都以文件的形式存储，当文件从一台计算机传递到另一台计算机时，由于两台计算机可能使用不同的操作系统、采用不同的字符编码、硬件设备的类型不一致等原因，就会给文件交换带来一些问题。解决计算机之间因数据交换而产生的问题，通常采用协议的方式。Internet 上的文件传输协议（File Transfer Protocol）就是为了解决在 Internet 上文件交换问题而提供的服务。

FTP 是文件传输最主要工具，使用 FTP 软件功能在于与远程服务器（通常称为 FTP 服务器）建立连接，交互式查看服务器上的文件目录，并从服务器上下载（Download）文件到自己计算机上，或将自己计算机上的文件上传（Upload）到服务器。FTP 是一种实时的联机服务，它几乎可以传送任何类型的文件，如文本文件、二进制文件、图形文件、音像文件、数据压缩文件等。访问 FTP 服务器通常有两种方式，一种是"注册用户"身份访问服务器，另一种是用"匿名用户"身份访问服务器，不同身份访问服务器所拥有的权限和享受的服务不一样。在 Windows 系统中都内嵌有 FTP 程序模块，可在浏览器界面的地址栏上直接输入 FTP 服务器的 IP 地址或域名，浏览器将自动调用 FTP 程序完成连接。常用的 FTP 软件有：CuteFTP、WS-FTP 等。

（4）数据库管理软件　数据库技术是计算机应用的一个重要领域。自 20 世纪 80 年代以来，计算机越来越多地应用于事务处理。在事务处理过程中，计算机需要对大量数据进行存储、组织和检索。这些任务主要依赖数据库管理系统（DBMS）以及数据库来实现。DBMS 提供功能齐全的数据库程序设计语言，用户可以自行设计、开发符合需求的数据库应用软件。目前，在微型计算机上常用的数据库软件有 Microsoft Access、Visual FoxPro、MySQL 等，大型计算机上的数据库软件有 SQL Server、Oracle、Sybase 和 DB2 等。

在银行、保险、证券等行业，由于数据处理量巨大，且数据具备实时性、可靠性、安全性，为满足这些要求，一般均采用大型数据库管理系统。

在一般中小型企业、公司及学校，通常采用小型数据库管理系统，数据处理量较少，对系统环境的要求较低，能够满足企业发展的需要，又便于系统维护使用。

1.3　学会使用键盘和输入法

1.3.1　键盘简介

键盘是计算机的主要输入设备，计算机中的大部分文字都是利用键盘输入的，像弹钢琴一样，快速、准确、有节奏地弹击计算机键盘上的每一个键，不但是一种技巧性很强的技能，同时也是每一个学习计算机的人应该掌握的基本功。要熟练地掌握键盘上各键的使用方法，必须了解计算机键盘上的各键的作用。

1. 键盘分区

键盘分为五个区：主键盘区、功能键区、控制键区、数字键区和状态指示区。

（1）主键盘区　键盘中最常用的区域，如图 1-21 所示，主键盘区中键又分为三大类，即字母键、数

图 1-21　主键盘区

字（符号）键和功能键。

字母键：A～Z 共 26 个字母键，在字母键的键面上标有大写英文字母 A～Z，每个键可输入大小写两种字母。

数字（符号）键：共有 21 个键，包括数字、运算符号、标点符号和其他符号，分布如图 1-22 所示，每个键面上都有上下两种符号，也称双字符键，可以显示符号和数字，上面的一行称为上档符号，下面的一行称为下档符号。

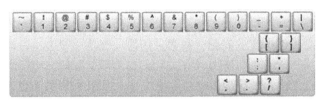

图 1-22　数字（符号）键

功能键：功能键共有 14 个，分布如图 1-23 所示。在这 14 个键中，Alt、Shift、Ctrl、Windows 徽标键各有两个，对称分布在左右两边，功能完全一样，只是为了操作方便。功能键中 Caps Lock 为大写字母锁定键、Shift 为上档键（也叫换档键）、Ctrl 为控制键、Alt 为转换键。

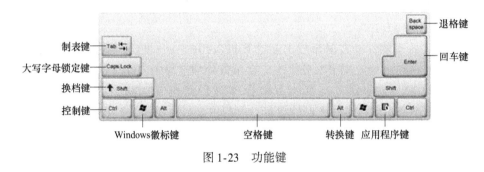

图 1-23　功能键

（2）功能键区　位于键盘的最上方，包括 Esc 和 F1～F12 键等，如图 1-24 所示，这些键用于完成一些特定的功能。

图 1-24　功能键区

Esc 键：叫作取消键，位于键盘的左上角，在许多软件中它被定义为退出键。

F1～F12 键：一般软件利用这些键当作软件中的功能热键，如利用 F1 键作为寻求帮助键。

PrintScreen 键：可将当前屏幕的内容截屏复制到剪贴板。

ScrollLock 键：屏幕滚动显示锁定键，目前已很少用到。

PauseBreak 键：暂停键，使计算机正在执行的命令或应用程序暂时停止工作，直到再次按键盘上任意一个键则继续。

（3）控制键区　控制键区共有 10 个键，位于主键盘区的右侧，包括所有对光标进行操作的按键及一些页面操作功能键，这些按键用于在进行文字处理时控制光标的位置，如图 1-25 所示。

（4）数字键区　位于键盘的右侧，又称"小键盘区"，主要是为了输入数据方便，共有 17 个键，其中大部分是双字符键，如图 1-26 所示。

（5）状态指示区　位于数字键区的上方，包括 3 个状态指示灯，用于提示键盘的工作状态，如图 1-27 所示。

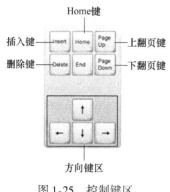

图 1-25　控制键区

图 1-26　数字键区

图 1-27　状态指示区

2. 组合键介绍

两键或三键同时操作称为组合键操作，例如：

Ctrl + C——复制。

Ctrl + P——按一次连接打印机，再按一次又断开打印机。

Ctrl + Alt + Del——调用任务管理器。

1.3.2　输入法的使用

输入法是指为将各种符号输入计算机或其他设备（如手机）而采用的编码方法，同时是书写工具克服墨水限制的最终结果，是一种拥有无限墨水的书写工具，是文字生产力发展到一定阶段的产物；从哲学角度讲，是文字生产发生量变而导致文字生产工具（书写工具）质变的必然结果。

中文输入法是指为了将汉字输入计算机或手机等电子设备而采用的编码方法，是中文信息处理的重要技术。英文字母只有 26 个，它们对应着键盘上的 26 个字母，所以对于英文而言操作系统本身可以输入。中文输入法的编码虽然种类繁多，归纳起来共有拼音输入法、形码输入法、音形码输入法三大类。

1. 拼音输入法

拼音输入法采用汉语拼音作为编码方法，包括全拼输入法和双拼输入法。流行的输入法软件以智能 ABC、中文之星新拼音、微软拼音、拼音之星、紫光拼音、拼音加加、搜狗拼音、智能狂拼和谷歌拼音、百度输入法、必应输入法等为代表。

2. 形码输入法

形码输入法是依据汉字字形，如笔画或汉字部件进行编码的方法。最简单的形码输入法是 12345 五笔画输入法，广泛应用在手机等手持设备上。计算机上形码输入法广泛使用的有五笔字型输入法、郑码输入法。流行的形码输入法软件有 QQ 五笔、搜狗五笔、极点中文输入法等。

3. 音形码输入法

音形码输入法是以拼音（通常为拼音首字母或双拼）加上汉字笔画或者偏旁为编码方式的输入法，包括音形码和形音码两类。代表输入法有二笔输入法、自然码和拼音之星谭码等。流行的输入法软件有超强两笔输入法、极点二笔输入法、自然码输入法等。

17

以上的形码输入法和音形码输入法，相比拼音输入法通常具有较低重码率的特点，汉字输入确定性高，熟练后可以高速地输入单字和词组，借助软件平台还可以实现整句的输入。形码或音形码通常不需要输入法软件有太多的功能，更不需要软件的智能功能，所以这类输入法的软件通常都非常小巧，而且无须频繁更新词库。

4. 内码输入法

内码输入法属于无理码，并非一般意义上的输入法。在中文信息处理中，要先决定字符集，并赋予每个字符一个编号或编码，称作内码。而一般的输入法，则是以人类可以理解并记忆的方式，为每个字符编码，称作外码。内码输入法是指直接通过指定字符的内码来做输入。但因内码并非人所能理解并记忆，且不同的字符集就会有不同的内码，换言之，同一个字在不同字符集中会有不同的内码，使用者需重新记忆。因此，这并非一种实际可用的输入法。国内使用的内码输入法系统主要有国标码（如 GB 2312、GBK、GB 18030 等）和 GB 区位码和 GB 内码。

实验操作 1　市场行情调研

【实验目的】

1. 熟悉计算机硬件配置及其参数指标。

2. 硬件系统知识的综合应用。

【相关知识】

1. CPU 调查

调查当前市场 CPU 的主频、外频、L1 Cache 与 L2 Cache 容量与速度、支持的扩展指令集、内核工作电压、数据总线宽度、地址总线宽度以及价格，并将各种 CPU 的性能与价格列表进行比较。

2. 主板调查

调查主板支持的 CPU 类型、主板芯片组型号、前端总线频率，主板提供的稳定性能、超频稳定性能、安全稳定性能、方便快捷性能、升级扩充性能，是否支持 UDMA/66/100、STR 技术，是否提供故障检测技术、防病毒技术，主板的售后服务、品牌以及价格，并列出各种主板的性能、价格及支持的 CPU 类型。

3. 内存调查

调查内存访问速度、容量、类型、奇偶校验、工作电压、性能指标以及品牌价格。

4. 硬盘调查

调查硬盘转速、平均访问时间、数据传输率、数据保护与防震及硬盘容量、缓存容量、品牌与价格。

5. 显卡调查

调查显卡的存储容量与访问速度、显卡模式、分辨率、色深、刷新频率、品牌及价格。

6. 显示器调查

调查显示器的屏幕尺寸、点距、分辨率、刷新频率、辐射与环保、扫描方式与显像管类型及品牌、价格。

7. 机箱调查

调查机箱采用的材料，机箱前面板与侧面板的安装与拆卸是否方便，机箱内的散热及价格。

8. 电源调查

调查电源的安全认证、质量、信誉、品牌及价格。

9. 声卡调查

调查声卡的采样位数与采样频率、WAVE 音效与 MIDI 音乐、波表、品牌及价格。

10. 音箱调查

调查音箱的功率、频率范围、频率响应失真度与灵敏度、信噪比、扬声器材质及价格。

11. 键盘调查

调查键盘接口类型、键盘按键接触方式、品牌及价格。

12. 鼠标调查

调查鼠标接口类型、鼠标功能、外部造型、品牌及价格。

【实验内容及步骤】

1. 配置高性能家用计算机

假设现在有 4500 元的预算，请按照目前的市场行情，到计算机商城或者从网上购买一台计算机，计算机主要做文字处理，配件自选。如果资金富余，可以选择添购打印机等其他外设。

2. 请根据调查，填写下表

配件类别	产品名称/类型	数量	价格
CPU		×1	
主板		×1	
内存		×1	
硬盘		×1	
光驱		×1	
显卡		×1	
声卡		×1	
机箱		×1	
电源		×1	
鼠标/键盘		×1	
显示器		×1	
音箱		×1	
总　　计			

实验操作 2　文字输入

【实验目的】

1. 掌握正确的打字方法。

2. 掌握中英文的快速输入。

【相关知识】

1. 文字输入

（1）正确的姿势

1）腰背应保持挺直向前微倾，身体偏于键盘右方，全身自然放松。

2）肘部与台面大致平行，下肢与地面和大腿形成90°直角。

3）上臂自然下垂，两肘轻贴于腋边，手指微曲，轻放于规定的基本键位上，手腕平直。

4）显示器与眼睛相距不少于50cm，输入原稿前，先将键盘右移5cm，再将原稿紧靠在键盘左侧放置，以便阅读。

（2）掌握基本键位　基本键位位于主键盘第3排，包含A、S、D、F及J、K、L、；这8个键位，其中F、J两个键位常有凸起等特殊标识，是重点基准键位。如图1-28所示，在开始击键之前，各手指的正确放置方法如下：

1）将左右手食指分别置于F、J基准键位上，其他手指自然弯曲放置于一横排上。

2）将左手小指、无名指、中指、食指分别置于A、S、D、F键上。

3）将右手食指、中指、无名指、小指分别置于J、K、L、；键上。

4）左手食指同时负责F、G键，右手食指同时负责J、H键。

5）左、右手大拇指同时负责空格键。

每次击键结束后，只要时间允许，都应立即退回基本键位。

图1-28　文字输入的标准指法

2. 常用输入方法

（1）字母的大小写转换

1）单个字母大小写转换。可以用Shift+字母键实现单个字母的大小写转换，值得注意的是，键盘的左右两端各有一个Shift键，为提高输入速度，如果所需字母键在左手位置，则应用右手按Shift键，左手按字母键，同时操作，可提高效率。放开Shift键后单独按字母键时，与当前大小写状态相同。

2）连续字母的大小写转换。系统默认输入为小写状态，当需要连续改变大小写状态时，可通过键盘上的大小写锁定键Caps Lock改变，同时键盘上一般具备相应的Caps Lock指示灯。

（2）符号的输入　键盘上一个键位标有两种标识的，单独按键输入下方字符，上档键Shift+按键输入上方字符。同一符号在中、英文输入时可能会出现不同表现形式，如数字6的上档位，英文输入为^，中文输入为……

【实验内容及步骤】

1）打开文档编辑软件，用正确指法熟悉键盘，依次输入26个英文字母A～Z。熟练后可尝试不看键盘输入。

2）练习输入数字 1~9 和其他符号，直到掌握盲打技术。

3）配合打字软件，测试打字速度。

习 题 1

【选择题】

1. 我们通常说的"裸机"指的是_____。

A. 只装有操作系统的计算机　　　　　　　B. 未装任何软件的计算机

C. 不带输入输出设备的计算机　　　　　　D. 计算机主机暴露在外

2. 微型计算机的发展以_____技术为特征标志。

A. 操作系统　　　　B. 微处理器　　　　C. 磁盘　　　　D. 软件

3. 在微型计算机中，ROM 的特点是_____。

A. 可以读出信息，也可以写入信息，但是写入的信息不能保存

B. 可以读出信息，也可以写入信息

C. 具有非易失性

D. 断电后其中的信息将会消失

4. 内存与外存的主要区别是_____。

A. 内存速度慢，存储容量小，外存则相反

B. 内存速度快，存储容量小，外存则相反

C. 内存速度慢，存储容量大，外存则相反

D. 内存速度快，存储容量大，外存则相反

5. 下列存储器中访问最快的是_____。

A. U 盘　　　　B. 硬盘　　　　C. RAM　　　　D. 光盘

6. 存储器存储容量的基本单位是_____。

A. 字　　　　B. 字节　　　　C. 位　　　　D. 千字节

7. 最基础最重要的系统软件是_____，若缺少它，则计算机系统无法工作。

A. 编辑程序　　　　　　　　　　　　　B. 操作系统

C. 语言处理程序　　　　　　　　　　　D. 应用软件包

8. 下列既不属于输入又不属于输出的设备是_____。

A. 打印机　　　　B. 键盘　　　　C. 扫描仪　　　　D. 硬盘

9. 计算机的存储系统由_____组成。

A. 软盘和硬盘　　　　　　　　　　　　B. 内存和外存

C. 光盘和磁带　　　　　　　　　　　　D. ROM 和 RAM

10. 下列叙述中，正确的是_____。

A. CD - ROM 的容量比硬盘的容量大

B. 计算机的体积越大，其功能就越强

C. 存储器具有记忆功能，故其中的信息任何时候都不会丢失

D. CPU 是中央处理器的简称

11. 用高级语言编写的程序_____。

A. 几乎不占用内存空间

B. 无须经过编译或解释，即可被计算机直接执行

C. 具有通用性和可移植性

D. 只能在某种计算机上运行

12. 计算机硬件与软件的关系是_____。

A. 相互独立 B. 相互对立

C. 相互依靠、支持，形成一个统一的整体 D. 以上均不对

【填空题】

1. 计算机硬件是由_____、_____、_____、_____和_____五部分组成的，其中_____和_____称为中央处理器。

2. 计算机按_____可分为四代，分别是_____、_____、_____和_____。

3. 一个完整的计算机系统由_____和_____两部分组成。

4. 软件系统又分为_____软件和_____软件，操作系统属于_____软件。

5. U 盘属于_____存储器或_____存储器。

6. 目前微机中最常用的两种输入设备是_____和_____。

【简答题】

1. 什么是计算机的硬件？

2. 计算机的主要应用领域有哪些？

3. 简述上档键 Shift 的作用。

项目 2

Windows 10操作系统

【项目导读】

　　Microsoft Windows 操作系统是由微软公司开发的具有变革性的操作系统，为用户提供高效、易用的工作环境。Windows 10 操作系统是 Windows 中最新一代的操作系统，延续了 Windows 家族的传统，同时也有革命性的重大变化，给用户带来全新的使用体验，功能设计更加人性化，资源使用率更高。

【学习目标】

　　1. 熟练掌握 Windows 10 的基本操作，如桌面、窗口、对话框、任务栏、菜单的使用。

　　2. 熟练掌握 Windows 10 的资源管理、文件管理和程序管理。

　　3. 掌握控制面板中的显示器的设置。

　　4. 掌握附件"画图""记事本"及"写字板"的使用。

2.1　Windows 10 操作系统的使用初步

2.1.1　操作系统概述

　　1. 操作系统的概念

　　操作系统是管理和控制计算机硬件与软件资源的计算机程序，是直接运行在"裸机"上的最基本的系统软件，任何其他软件都必须在操作系统的支持下才能运行。

　　操作系统是用户和计算机的接口，同时也是计算机硬件和其他软件的接口。操作系统的功能包括管理计算机系统的硬件、软件及数据资源，控制程序运行，改善人机界面，为其他应用软件提供支持，让计算机系统所有资源最大限度地发挥作用，提供各种形式的用户界面，使用户有一个好的工作环境，为其他软件的开发提供必要的服务和相应的接口等。

　　2. 操作系统的功能

　　操作系统的主要任务是有效管理系统资源，提供方便的用户接口。操作系统通常有处理器管理、进程管理、存储管理、设备管理和文件管理这五个基本功能模块。

　　（1）处理器管理　处理器管理主要控制和管理 CPU 的工作，当多个程序同时运行时，用来解决处理器（CPU）时间的分配问题。最终目的是提高微处理器的利用率。

　　（2）进程管理　进程管理也称为作业管理，是一个具有一定独立功能的程序在一个数据集合上的一次动态执行过程。对所有进入系统的作业进行调度和控制，尽可能高效地利用整个系统的资源。进程管理的功能主要包括进程创建、进程执行、进程通信、进程调度、进程撤销等。

（3）存储管理　存储管理是指对内存进行管理，负责内存的分配、保护及扩充。计算机的程序运行和数据处理都要通过内存来进行，所以对内存进行有效的管理是提高程序执行效率和保证计算机系统性能的基础。存储管理的功能主要包括存储分配、地址变换、存储保护和存储扩充。

（4）设备管理　设备管理是指对计算机外部设备的管理，是操作系统中用户和外部设备之间的接口。设备管理技术包括中断、输入输出缓存、通道技术和设备虚拟化技术等。设备管理的功能主要是设备分配与管理、进行设备 I/O 调度、分配设备缓冲区、设备中断处理等。

（5）文件管理　文件管理是指系统中负责存储和管理外存中的文件信息的那部分软件。文件管理是操作系统中用户和外存设备之间的接口。文件管理的功能主要是文件存储空间管理、文件等操作管理、文件目录管理、文件保护等。

3．操作系统的分类

操作系统有多种分类方法，从不同的角度有不同的分类方法。从操作系统的发展过程来看，早期的操作系统可以分为批处理操作系统、分时操作系统、实时操作系统三种基本类型。随着计算机应用的日益广泛又出现了嵌入式操作系统、网络操作系统、分布式操作系统。下边分别介绍几种操作系统类型。

（1）批处理操作系统（Batch Processing Operating System）　批处理操作系统是指采用批量处理作业的方式。其工作形式是：由系统操作员将用户的许多作业组成一批作业输入计算机，在系统中形成一个自动且连续的作业流，然后启动操作系统，系统将依次自动执行每个作业，最后由操作员将作业结果交给用户。

（2）分时操作系统（Time Sharing Operating System）　分时操作系统是指允许多个用户同时使用一台计算机进行计算的操作系统。其工作方式是：一台主机连接若干终端用户，用户交互地向系统提出请求，系统将 CPU 的时间分成若干时间片，采用时间片轮转方式处理用户请求，并通过终端向用户显示结果。

（3）实时操作系统（Real Time Operating System）　实时操作系统是指使计算机能及时响应外部事件的请求，在规定时间内完成处理，并控制所有实时设备和实时任务协调一致运行的操作系统。典型的实时系统有过程控制系统、信息查询系统和事务处理系统三种。

（4）嵌入式操作系统（Embedded Operating System）　嵌入式操作系统是指运行在嵌入式环境中，对整个系统及所操作的各种部件装置等资源进行统一协调、管理和控制的系统软件。嵌入式操作系统在制造工业、过程控制、航空航天等方面广泛应用。例如家电产品中的智能功能就是嵌入式系统的典型应用。常见的嵌入式操作系统有 Plam、Symbian、Windows Mobile、嵌入式 Linux 等。

（5）网络操作系统（Web Operating System）　网络操作系统是指基于计算机网络，能够控制计算机在网络中传送信息和共享资源，并能为网络用户提供各种服务的操作系统。网络操作系统主要有两种模式：即客户端/服务器（Client/Server）模式和对等（Peer-to-Peer）模式。常见的网络操作系统有：UNIX、Netware 和 Windows Server 2003。

（6）分布式操作系统（Distributed Operating System）　分布式操作系统是指大量的计算机通过网络连接在一起所组成的系统。其特点：一是系统中任意两台计算机无主次之分均可交换信息，集各分散结点资源为一体使系统资源充分共享；二是一个程序可在多台计算机上同时运行，使系统运算能力增强；三是系统中有多个 CPU，当某个 CPU 发生故障时不会影响整个系统工作，从而提高系统的可靠性。

2.1.2　Windows 10 操作系统介绍

伴随着计算机系统的发展，操作系统也产生和发展起来。Windows 10 操作系统是新一代跨平台及设备应用的操作系统，应用于台式计算机、便携式计算机，支持平板计算机和手机等设备。Windows 10 在易用性和安全性方面有了极大的提升，除了针对云服务、智能移动设备、自然人机交互等新技术进行融合外，还对固态硬盘、生物识别、高分辨率屏幕等硬件进行了优化完善与支持。从技术角度来讲，Windows 10 操作系统是一款优秀的消费级别操作系统。

1. Windows 10 操作系统的新功能

（1）生物识别技术　Windows 10 操作系统所新增的 Windows Hello 功能，带来一系列对于生物识别技术的支持。除了常见的指纹扫描之外，系统还能通过面部或虹膜扫描进行登录。当然，这些需要使用 3D 红外摄像头来获取到这些新功能。

（2）Cortana 搜索功能　Cortana 可以用来搜索硬盘内的文件、系统设置、安装的应用，甚至是互联网中的其他信息。作为一款私人助手服务，Cortana 还能像在移动平台那样设置基于时间和地点的备忘功能。

（3）平板模式　微软在照顾老用户的同时，也没有忘记随着触控屏幕成长的新一代用户。Windows 10 操作系统提供了针对触控屏设备优化的功能，同时还提供了专门的平板计算机模式，开始菜单和应用都将以全屏模式运行。如果设置得当，系统会自动在平板计算机与桌面模式间切换。

（4）桌面应用　微软放弃激进的 Metro 风格，回归传统风格，用户可以调整应用窗口大小了，久违的标题栏重回窗口上方，最大化与最小化按钮也给了用户更多的选择和自由度。

（5）多桌面　如果用户没有多显示器配置，但依然需要对大量的窗口进行重新排列，那么 Windows 10 操作系统的虚拟桌面就非常方便。在该功能的帮助下，用户可以将窗口放进不同的虚拟桌面中，并在其中进行轻松切换。使原本杂乱无章的桌面也就变得整洁起来。

（6）开始菜单进化　微软在 Windows 10 操作系统中恢复了用户期盼已久的开始菜单功能，并将其与 Windows 8 操作系统开始屏幕的特色相结合。打开开始菜单之后，菜单左侧包含系统关键设置和应用列表，标志性的动态磁贴也会出现在菜单右侧。

（7）贴靠辅助　Windows 10 操作系统不仅可以让窗口占据屏幕左右两侧的区域，还能将窗口拖拽到屏幕的四个角落使其自动拓展并填充 1/4 的屏幕空间。在贴靠一个窗口时，屏幕的剩余空间内还会显示出其他开启应用的缩略图，单击之后可将其快速填充到这块剩余的空间当中。

（8）通知中心　Windows Phone 8 的通知中心功能也被加入 Windows 10 操作系统中，让用户可以方便地查看来自不同应用的通知，此外通知中心底部还提供了一些系统功能的快捷开关，如平板模式、便签和定位等。

（9）安全性增强　除了继承旧版 Windows 操作系统的安全功能之外，还引入了 Windows Hello、Microsoft Passport、Device Guard 等安全功能。

（10）新技术融合　在易用性、安全性等方面进行了深入的改进与优化。针对云服务、智能移动设备、自然人机交互等新技术进行融合。

2. Windows 10 操作系统的版本

Windows 10 操作系统的版本有家庭版（Home）、专业版（Professional）、企业版（Enterprise）、教育版（Education）、专业工作站版（Windows 10Pro for Workstations）、物联网核心版（Windows 10IoT Core）。

2.1.3 Windows 10 的基本操作

1. 认识"开始"菜单

Windows 10 操作系统的开始菜单与旧版的 Windows 操作系统非常相似，但增添了对 Windows 8 磁贴的支持。

单击桌面左下角的"开始"按钮，或按下键盘上的 Windows 徽标键 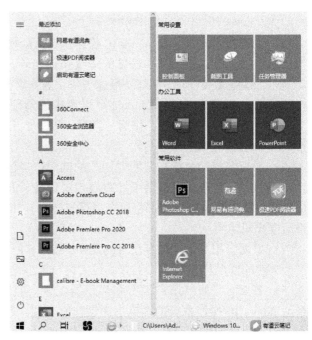，即可打开 Windows 10 操作系统的"开始"菜单。当鼠标指针置于菜单顶部或侧边时，指针变为双向箭头样式，此时按住鼠标左键拖动可以改变"开始"菜单的大小。Windows 10 操作系统中的"开始"菜单分为三栏，如图 2-1 所示。

（1）左侧常用功能栏 竖排三个按钮是用户账户、设置和电源，它们不可被删除，无法调整位置，是用户可以快速访问的最常用的功能。用户也可在该栏添加其他常用项目，用鼠标右键单击该栏，在右键快捷菜单中选择"对此列表进行个性化设置"，打开"设置"对话框可以选择哪些文件夹显示在"开始"菜单上，如图 2-2 所示。

图 2-1 "开始"菜单

（2）中间应用列表栏 排列着所有的应用，最常用的应用排在最前面，之后按照应用的首字母排序，拖动应用列表右侧的滚动条或转动鼠标滚轮可查看所有应用，单击所对应的图标，即可方便、快速地打开应用。

（3）右侧屏幕磁贴区 这个区域是开始屏幕磁贴区，与 Windows 8 操作系统中的磁贴相似，可以在此固定程序，也可对磁贴做操作，如移动、分组命名等。有三种方法可以将应用固定到该区域。

方法1：右键单击中间应用列表中的某应用，在右键快捷菜单中选择"固定到'开始'屏幕"，如图 2-3 所示。

方法2：直接拖动应用列表中的某个应用到右侧磁贴区，在适当位置释放，即可固定在磁贴区。

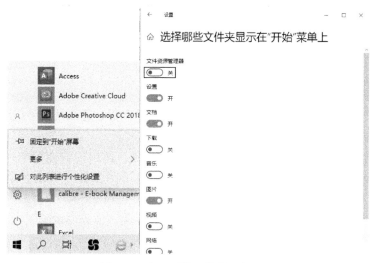

图 2-2 为"开始"菜单添加项目

方法 3：鼠标右键单击资源管理器中的某个文件夹，在右键快捷菜单中选"固定到'开始'屏幕"，如图 2-3 所示。

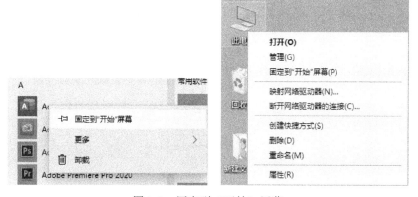

图 2-3 固定到"开始"屏幕

如果要整理"开始"菜单中的磁贴区，用鼠标右键单击相应磁贴，在弹出的右键快捷菜单中可以选择从"开始"屏幕取消固定、调整大小、更多及卸载，如图 2-4 所示。

图 2-4 整理磁贴

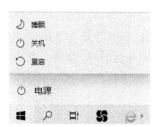

图 2-5 睡眠、关机或重启操作

2. 计算机睡眠、关机与重启

单击"开始"菜单左侧栏的"电源"按钮，在弹出的列表中选择相应的命令即可执行"睡眠""关机"或"重启"，如图 2-5 所示。操作之前，应先确认程序或文件已保存并关闭。

3. 任务栏的设置

任务栏位于桌面底部，由开始按钮、搜索按钮、语言栏、通知区域等组成，中间空白的区域用于显示正在运行的应用程序和打开的窗口。

移动任务栏位置：在任务栏的空白处单击鼠标右键，弹出的快捷菜单中取消"锁定任务栏"前的选定，如图 2-6 所示。然后拖动任务栏，可将任务栏移动至桌面顶部或侧边位置。

设置任务栏：在如图 2-6 所示的右键快捷菜单中选择"任务栏设置"，打开"设置"窗口，可以对任务栏进行具体的设置，如图 2-7 所示。

图 2-6 右击"任务栏"弹出菜单

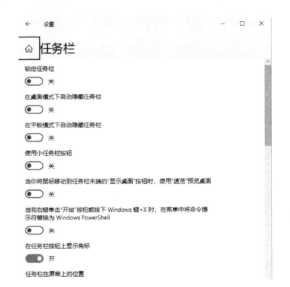

图 2-7 设置任务栏

4. 操作中心的设置

Windows 10 操作中心的核心功能之一是通知功能，单击任务栏右侧的 🗔 按钮，或按键盘上的组合键"Win + A"，可打开操作中心。在操作中心不仅能提示 Windows 10 操作系统本身的一些常规通知，还有第三方应用的提示。用户在这里可以看到所有来自电子邮件等 Windows 10 磁贴应用的通知。

（1）启用/禁用通知 单击"系统"按钮打开"设置"窗口，单击"系统"按钮，然后选择"通知和操作"选项，在右侧单击"开关"按钮可以关闭相应的通知，如图 2-8 所示。

（2）更改通知类型 在"通知和操作"中选择某应用，例如"专注助手"，在打开的窗口中可以详细设置，如打开或关闭通知、是否显示通知横幅、在操作中心显示通知、锁屏时是否显示内容、通知条数等，如图 2-9 所示，与移动端的设置类似。

（3）清除通知 在操作中心中显示的通知是可以删除的，鼠标指针指向某条通知时，

图 2-8　打开或关闭通知

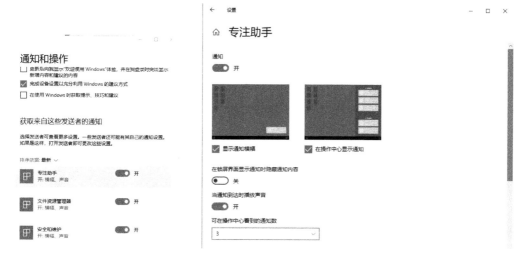

图 2-9　更改通知类型

通知右上角会出现"清除"按钮 ×，单击可以清除通知，如图 2-10 所示。直接按住鼠标左键向右拖动通知，也可以快速删除通知。

5. 创建虚拟桌面

Windows 10 操作系统的虚拟桌面可以使杂乱无章的桌面变得整洁。通过创建不同的桌面环境，将不同的程序窗口移至不同的桌面。

单击任务栏上的"任务视图"按钮，进入任务视

图 2-10　清除通知

图，这里显示当前打开的所有程序的缩略图，单击"新建桌面"按钮，即可创建一个新的"桌面 2"，如图 2-11 所示。将程序图标拖动到"桌面 2"缩略图中，即可将程序移动到"桌面 2"里，在任务视图下单击"桌面 2"，即可进入"桌面 2"。

若要删除虚拟"桌面 2"，可单击虚拟桌面缩略图右上角的"关闭"按钮，此时"桌面

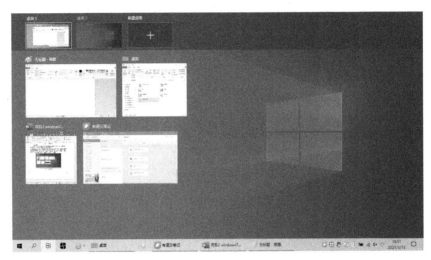

图 2-11　虚拟桌面

2"里的程序图标将全部回到系统桌面。

6. 窗口分屏

在 Windows 10 操作系统同时运行多个任务时，可以将多个窗口同时显示在屏幕上，避免频繁切换窗口的麻烦。按住鼠标左键拖动某个窗口到屏幕左边缘或右边缘，直到鼠标指针碰到边缘，此时窗口自动占屏幕的1/2 宽度，其他窗口会缩略显示在另一半屏幕，如图2-12所示。此时单击其他窗口中的某一个，就可以使这两个窗口各占一半屏幕。如果拖动窗口到屏幕的任意一角，窗口会 1/4 屏幕显示。

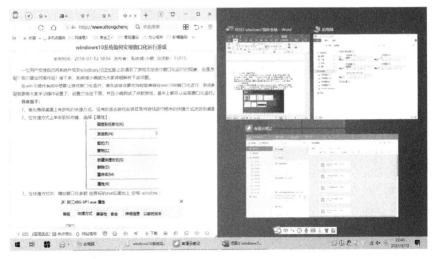

图 2-12　窗口分屏

7. 鼠标的基本操作

Windows 是一个完全图形化的环境，其中最主要的交互工具是鼠标。利用鼠标可以直观地进行对象选择、操作等。通常情况下，鼠标的指针形状是一个小箭头，特殊场合，鼠标指针的形状会有所变化。Windows 10 操作系统默认方式下常见的几种鼠标指针形状及所代表的含义，如表2-1所示。

表 2-1　鼠标指针形状及所代表的含义

鼠标指针形状	含义	鼠标指针形状	含义
↖	标准选择	↕	垂直调整
↖?	帮助选择	↔	水平调整
↖	后台运行	↖	对角线调整 1
○	忙、等待	↗	对角线调整 2
+	精确定位	✛	移动
I	选定文本	○	不可用
✎	手写	☝	链接选择

鼠标的基本操作主要有以下几种：

1）指向：未按下鼠标键的情况下，在屏幕上移动鼠标指针，使鼠标指针位于被选对象的上面。当用户准备对某个对象做出操作前，要指向这个对象。

2）单击：快速地按下并释放鼠标键。可单击鼠标左键和鼠标右键两种情况，通常说的"单击"是指单击鼠标左键，用于在屏幕上选中一个对象。左键单击某个对象一般是执行一个命令、打开一个程序或选择一个对象。而单击鼠标右键常用于在桌面上调出一个快捷菜单，快捷菜单是选择命令最方便的方式。

3）双击：用鼠标指向一个对象，快速地连续两次单击鼠标左键。通常打开文件夹、启动应用程序或打开文件用双击鼠标的方式。

4）拖动：用鼠标指向一个对象，在按下鼠标左键的同时移动鼠标。它可以把对象从一个地方移动到另一个地方，当指针移到对象要放置的位置时，释放鼠标左键，这个过程叫拖动。

8. 键盘的基本操作

键盘是基本的输入设备，通过键盘可以输入文本，实现系统提供的操作功能，使用键盘上的功能键/组合键会大大提高工作效率。常用的功能键/组合键如表 2-2 所示。

表 2-2　键盘上常用的功能键/组合键的作用

功能键/组合键	说　明	功能键/组合键	说　明
F1	打开帮助	Ctrl + C	复制
F2	重命名文件（夹）	Ctrl + X	剪切
F3	搜索文件或文件夹	Ctrl + V	粘贴
F5	刷新当前窗口	Ctrl + Z	撤销
Delete	删除	Ctrl + A	选定全部内容
Shift + Delete	永久删除所选项	Ctrl + Esc	打开开始菜单
Alt + Tab	在打开项目间切换	Ctrl + Alt + Delete	打开任务管理器
Alt + Esc	以项目打开顺序切换	Alt + F4	退出当前程序

2.2 个性化操作系统

2.2.1 桌面图标

图标是应用程序、快捷方式、文件夹或文件的图形化表示。Windows 10 操作系统初装时，桌面上只有"回收站"图标。单击任务栏右侧的通知栏，选择"所有设置"，打开"Windows 设置"，选择"个性化"，单击"主题"选项，如图 2-13 所示，在右侧的"相关的设置"里选择"桌面图标设置"。即可打开"桌面图标设置"对话框，在对话框中选择需要显示在桌面上的图标，如图 2-14 所示。此对话框中还可以进行"更改图标"的设置。

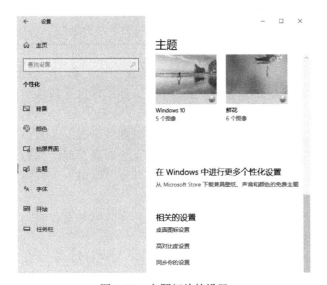

图 2-13　主题相关的设置　　　　　　　图 2-14　桌面图标设置

2.2.2 主题

主题是屏幕外观、颜色及声音的组合，桌面背景、系统颜色、声音方案、屏幕保护程序、桌面图标样式等都属于系统主题。用户设置屏幕外观的样式后可以保存为一个新的主题，也可以从网上下载别人分享的主题文件来应用。

单击桌面右下角的通知图标，选择"所有设置"→"个性化"→"主题"，在右侧可以进行主题的详细设置，如"背景""颜色""声音""鼠标光标"，也可以在"更改主题"中获取主题直接应用，如图 2-15 所示。

2.2.3 桌面背景

桌面背景也叫桌面壁纸，是用户看到的系统桌面上的图片。在桌面空白处单击鼠标右键，在弹出的右键快捷菜单中选择"个性化"，即可打开"设置"窗口的"背景"选项，如图 2-16a 所示。

在"背景"中可以选择"图片""纯色"或"幻灯片放映"作为背景。这里可以选择

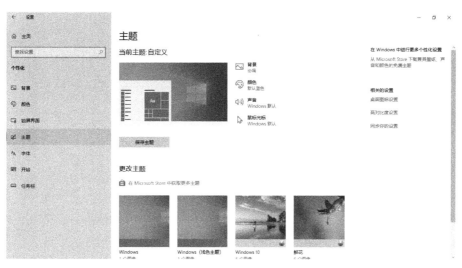

图 2-15　主题设置

不同场景图片设置为桌面背景，还可选择多个图片创建一个幻灯片作为背景。

除了默认提供的图片，可通过"浏览"按钮在本地磁盘自选计算机中的图片设置为背景。在"选择契合度"下拉列表中可选择图片在桌面的各种位置效果：填充、适应、拉伸、平铺、居中、跨区等，如图 2-16b 所示。

a)　　　　　　　　　　　　　　　　　　　　b)

图 2-16　背景设置

2. 2. 4　锁屏界面

锁屏界面是在锁定系统时显示的画面，用户可以将自己喜欢的照片设置为锁屏界面或创建幻灯片放映。

在键盘按下组合键"Win + I"，打开"Windows 设置"窗口，选择"个性化"按钮打开"设置"窗口，在窗口左侧单击选择"锁屏界面"，右侧进行锁屏界面的设置，可随时预览效果，如图 2-17 所示。

图 2-17　锁屏界面设置

2.2.5　显示设置

在桌面空白处单击鼠标右键，在弹出的右键快捷菜单中选择"显示设置"，在打开的"设置"窗口中，对系统"显示"进行设置，如图 2-18 所示。在"亮度和颜色"中拖动滑块可以调整显示器显示的亮度。在"夜间模式"中选择是否打开"夜间模式"。在"缩放与布局"中可以更改文本、应用等项目的大小。根据显示器尺寸选择合适的"显示分辨率"，还可以调节"显示方向"。

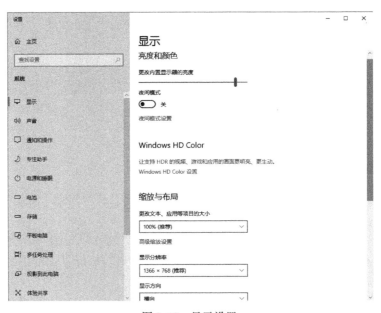

图 2-18　显示设置

2.2.6　鼠标和键盘设置

鼠标和键盘是最常用的计算机外部设备，为了用户更加顺畅使用计算机系统，或更加个性化设置使用习惯，可以对鼠标和键盘进行设置。

1. 鼠标设置

单击桌面右下角的"通知栏"按钮，选择"所有设置"，打开"设置"窗口，单击"设备"按钮。在左侧选择"鼠标"选项，在窗口右侧可以设置鼠标，在"选择主按钮"下拉列表中选择"向左键"或"向右键"，可以适用于左右手使用习惯。可以在"光标速度"中拖动滑杆调节移动鼠标时光标移动的速度。在"滚动鼠标滚轮即可滚动"中设置一次多行或一次一个屏幕。还可以设置在非活动窗口鼠标滚动是否有效，如图 2-19 所示。

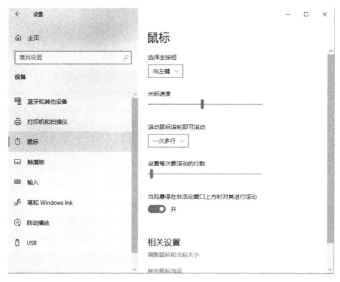

图 2-19　鼠标设置

2. 键盘设置

在键盘按下组合键"Win + I"，在"Windows 设置"窗口选择"轻松使用"选项，在"设置"窗口左侧向下拉，在"交互"下选择"键盘"选项，可以对键盘进行设置。例如，若键盘突然损坏，可以使用屏幕键盘用鼠标代替键盘操作输入文字，如图 2-20 所示。

图 2-20　打开屏幕键盘

2.3　Windows 10 操作系统文件管理

Windows 10 操作系统的资源组织和管理能力强大，用户通过 Windows 10 操作系统能够很方便地对计算机中的资源进行管理和控制。文件和文件夹的操作是 Windows 操作系统中的重要技能，本节主要对文件、文件夹等资源的管理和操作进行介绍。

2.3.1　认识文件和文件夹

1. 文件和文件夹概述

在计算机系统中，主要的数据元素就是文件和文件夹，正是大量的文件和文件夹组成了整个计算机的信息和数据资源。因此学习计算机的操作，主要就是学习管理和操作文件或文件夹。

文件是一组相关信息的集合，由文件名标识进行区别。在 Windows 10 中允许使用长文件名，即文件名或文件夹名称最多可使用 255 个字符；这些字符可以是字母、空格、数字、汉字或一些特定符号；英文字母不区分大小写；但不能有以下符号，即"、|、\、<、>、*、／、:、?。

为了便于管理，将相关文件分类后存放在不同的目录中。这些目录在 Windows 10 操作系统中被称为文件夹。

2. 文件类型

文件根据存储方式和内容的不同，分为很多类型。不同类型的文件通常用不同的文件扩展名表示。以下是 Windows 操作系统中常用的文件类型及其扩展名，如表 2-3 所示。

表 2-3　常用文件类型及其扩展名

文件类型	扩展名	文件类型	扩展名
系统文件	.sys	声音文件	.wav
可执行程序文件	.exe 或 .com	位图文件	.bmp
纯文本文件	.txt	Word 文档文件	.docx
系统配置文件	.ini	Excel 文件	.xlsx
Web 页文件	.htm 或 html	帮助文件	.hlp
动态链接库文件	.dll	压缩文件	.rar

3. 文件属性

在 Windows 操作系统中，每个文件或文件夹对象都有自己的属性，其中包含着详细的信息。选中一个文件，单击鼠标右键，在右键快捷菜单中选择"属性"命令，打开文件的"属性"对话框。

在对话框中的"常规"选项卡中，可以查看文件类型、打开方式、位置、大小、占用空间、创建时间、修改时间、访问时间等信息。

如果要保护文件或文件夹，可选定"只读"复选框将文件或文件夹设置为只读属性。如果要隐藏文件或文件夹，可选定"隐藏"复选框，如图 2-21 所示。

2.3.2 文件资源管理器

文件资源管理器是 Windows 10 操作系统提供的用于管理文件和文件夹的工具。

1. 文件资源管理器窗口

"文件资源管理器"主要用来方便地查看和管理计算机中所有的文件和文件夹。在功能上，与"计算机"选项卡功能完全相同，如图2-22所示。

图 2-21 文件的"属性"对话框

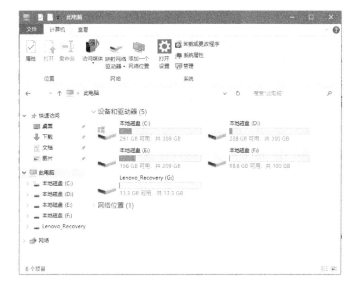

图 2-22 文件资源管理器

方法1：在"开始"菜单中间"应用"列表中选择"Windows 系统"的"文件资源管理器"，可以打开文件资源管理器窗口。

方法2：鼠标右键单击"开始"菜单，在右键快捷菜单中选择"文件资源管理器"，如图2-23所示。

文件资源管理器窗口包含两部分。窗口左侧是导航窗格，以目录树状结构显示系统中的所有资源项目。窗口右侧的信息窗格显示所选项目的具体内容。

当用户从左边的导航窗格选择一个文件夹时，右侧信息窗格将显示该文件夹下包含的文件和文件夹。

2. 库

库是一种特殊的文件夹，通过"库"可以快速访问用户的各种重要资源。可以统一管理分散在硬盘各分区的资源，不需要在各个资源管理器窗口间来回切换。这种方式类似于"快捷方式"。

Windows 10 操作系统默认情况下，库包含四个子库，分别为视频、图片、文档和音乐，如图2-24所示。

图 2-23 用鼠标右键单击"开始"菜单
打开文件资源管理器

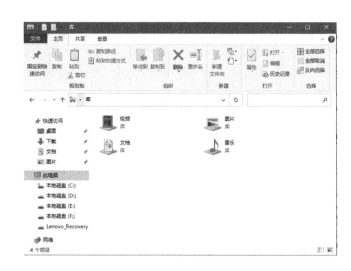

图 2-24 Windows 10 操作系统默认的库

Windows 10 操作系统中用户保存新创建的文件时,默认位置就是"文档库"所对应的文件夹,从 Internet 下载的各种视频、网页、图片、音乐等存放时,默认路径也是这 4 个相应的子库。

2.3.3 文件和文件夹的常用操作

1. 浏览文件

在文件资源管理器中,使用左侧的导航窗格可以浏览计算机中所有文件夹。单击各导航项目左侧的折叠按钮 ❯ ,可以依次展开各级目录,单击导航窗格的某文件夹,文件资源管理器右侧的信息窗格会显示出该文件夹下的所有文件夹和文件。

在文件资源管理器中浏览文件后,若要返回最近打开的位置,可以单击地址栏左侧的"返回"按钮 ← ,如图 2-25a 所示。也可以单击"最近浏览的位置",在下拉列表中选择最近访问过的位置,如图 2-25b 所示。

a)

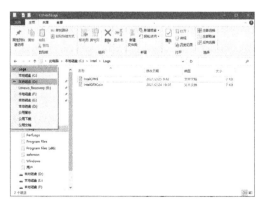

b)

图 2-25 浏览文件

如果要返回上一级目录，单击地址栏左侧的"向上"按钮↑，如图 2-26 所示。也可以在地址栏中单击上一级文件夹名称。

图 2-26　返回上一级目录

2. 新建文件或文件夹

Windows 10 操作系统中可在任意文件夹或驱动器下创建新的文件和文件夹。新建文件或文件夹的几种主要方法：

方法 1：在"文件资源管理器"中，进入某磁盘驱动器或文件夹，在空白处单击鼠标右键，在弹出的右键快捷菜单中选择"新建"，根据需要选择新建文件夹或某种文件，如图 2-27 所示。用户输入文件名或文件夹名后，按"Enter"键或在空白处单击，即可新建成功。

方法 2：在"文件资源管理器"中，进入某磁盘驱动器或文件夹，在窗口的"主

图 2-27　右键快捷菜单新建文件或文件夹

页"选项卡下单击"新建文件夹"按钮，再输入文件夹名称，这种方式可新建一个文件夹，如图 2-28 所示。

如果要新建某种类型的文件，单击"主页"选项卡中"新建项目"右侧的下拉箭头，在弹出的下拉列表中选择文件类型即可，如图 2-29 所示。

图 2-28　新建文件夹

图 2-29　新建文件

方法 3：在"文件资源管理器"窗口左上方的快速访问工具栏中，单击"新建文件夹"按钮，也可以新建文件夹。如果没有该按钮，可以单击快速访问工具栏的下拉箭头 ，在弹出的下拉列表勾选"新建文件夹"复选框，快速访问工具栏即可显示该功能按钮，如图 2-30 所示。

方法 4：在"文件资源管理器"窗口按组合键"Ctrl + Shift + N"，可新建文件夹。

3. 创建文件或文件夹的快捷方式

方法 1：按住右键拖动文件或文件夹，在弹出的快捷菜单中选择"在当前位置创建快捷方式"命令。

方法 2：先复制文件或文件夹对象，打开目标位置，选择"主页"选项卡下的"粘贴快捷方式"按钮。

方法 3：右键单击操作对象，在弹出的快捷菜单中选择"创建快捷方式"，或选择"发送到"命令下的"桌面快捷方式"选项。

图 2-30　通过快速访问
工具栏新建文件夹

4. 选定文件或文件夹

在对文件或文件夹进行操作时，首先必须选中操作对象，即选定文件或文件夹。

（1）选择单个文件或文件夹　单击要选择的对象即可将其选定。如果单击一个文件夹，则它的子文件夹和文件都会被选定。

（2）选择多个连续文件或文件夹

1）按下鼠标左键，拖出一片矩形区域，区域范围内的文件和文件夹都被选中。

2）先单击第一个对象，按下"Shift"键再单击最后一个要选择的对象，从第一个到最后一个对象之间的对象会同时被选中，选择结果如图 2-31 所示。

（3）选择多个不连续文件或文件夹　先单击一个要选择的对象，按住"Ctrl"键，再用鼠标单击其他要选择的多个对象，使其变为淡蓝色选中状态，可选中多个不连续的文件和文件夹，选择结果如图 2-32 所示。若要撤销被选中的对象，在按住"Ctrl"键的同时，再次单击已选中的文件，确认无误后，松开"Ctrl"键即可撤销被选中的文件。

图 2-31　选择多个连续的文件

图 2-32　选择多个不连续的文件

（4）全部选择　若要选中当前文件夹中的全部文件和文件夹，使用"Ctrl + A"组合键。

5. 复制或移动文件和文件夹

当复制文件或文件夹时，是将它的一份副本放到了用户选择的新的磁盘路径或其他文件夹中，最初的文件或文件夹仍然保留。而移动文件或文件夹时，是将它移动到用户选择的新的磁盘路径或其他文件夹中去，不保留原来位置的文件或文件夹。复制或移动文件和文件夹的方法有以下几种。

方法 1：通过右键快捷菜单命令。右键单击要复制的文件或文件夹，从弹出的快捷菜单中选择"复制"或"剪切"命令。然后打开目标文件夹或驱动器，右键单击窗口的空白处，选择快捷菜单中的"粘贴"命令。

方法 2：使用组合键。如"Ctrl + X"代表剪切，"Ctrl + C"代表复制，"Ctrl + V"代表粘贴。

方法 3：使用功能按钮。在文件资源管理器窗口，先选中要复制或移动的操作对象，在"主页"选项卡中的"剪贴板"选项组，单击"复制"或"剪切"按钮，然后打开目标文件夹或驱动器，单击"粘贴"按钮，如图 2-33 所示。

图 2-33　通过功能按钮实现复制或移动

方法 4：拖动。源位置与目标位置在不同驱动器下：分别打开源文件所在位置窗口和目标位置窗口，使两个窗口均可见。按下鼠标左键将源文件直接拖动到目标位置，释放鼠标，即可实现复制操作；鼠标拖动文件的同时按下"Shift"键，此时拖动实现移动操作。

源位置与目标位置在同一驱动器的不同文件夹下：分别打开源文件所在位置窗口和目标位置窗口，使两个窗口均可见。按下鼠标左键将源文件直接拖动到目标位置，释放鼠标，即可实现移动操作；鼠标拖动文件的同时按下"Ctrl"键，此时拖动实现复制操作。

在拖动操作过程中，注意观察拖动的文件对象，如果对象右下角出现提示"＋复制到…"，则为复制操作；如果对象右下角出现提示"→移动到…"，则为移动操作。在拖动过程中尝试按下"Shift"键或"Ctrl"键可以转换复制或移动操作。

方法 5：鼠标右键拖动。用鼠标右键拖动要复制的对象到目标位置。释放鼠标会自动弹出一个快捷菜单让用户选择进行何种操作，这时选择"复制到当前位置"或"移动到当前位置"命令即可。

6. 重命名文件或文件夹

在 Windows 10 操作系统中，用户可以根据需要来更改文件或文件夹的名称。通常文件名除了要符合命名规则外，还要有明确的含义，以便更好地表示文件或文件夹的内容。选中文件或文件夹对象后，可通过以下方法实现重命名。

方法 1：在文件上单击鼠标右键，在弹出的右键快捷菜单中选择"重命名"命令，输入新的名称，按"Enter"键确定。

方法 2：选中文件或文件夹后，在名称字符处单击鼠标，输入新的名称，按"Enter"键确定。

方法 3：在"主页"选项卡的"组织"选项组，选择"重命名"按钮，输入新的名称，按"Enter"键确定。

7. 删除文件或文件夹

有些不再用到的文件，为了节约计算机磁盘空间，应该删除。选定要删除的文件或文件夹对象，然后用以下方法删除。

方法 1：直接按键盘上的"Delete"键删除。

方法 2：在文件上单击鼠标右键，在右键快捷菜单中选择"删除"命令。

方法 3：在文件资源管理器窗口的"主页"选项卡的"组织"选项组中，单击"删除"命令。

方法 4：如果使用"Shift + Delete"组合键，将永久彻底删除文件或文件夹。

8. 恢复被删除的文件或文件夹

一般直接删除的文件或文件夹会放入"回收站"，如果错误的进行了删除操作，可以从回收站中恢复。但是永久彻底删除的文件、U 盘或移动硬盘上被删除的文件或文件夹是不能恢复的。

进入回收站，功能面板上会增加"回收站工具"选项卡，在这里可以对已被删除进入回收站的文件对象进行操作，如图 2-34b 所示。

如果要恢复"回收站"里被删除的对象，先选中要恢复的对象，然后用以下方法恢复。

方法 1：单击鼠标右键，在右键快捷菜单中选择"还原"，如图 2-34a 所示。

方法 2：单击"回收站工具"选项卡中的"还原选定的项目"按钮，如图 2-34b 所示。

9. 搜索文件或文件夹

如要快速找到某个不知道具体

a)　　　　　　　　　　　b)

图 2-34　回收站中还原文件或文件夹的两种方法

路径的对象，都可以通过 Windows 10 操作系统提供的强大文件查找工具，快速找到目标。在文件资源管理器中，打开要搜索的文件所在的目录，在窗口右上方可以看到搜索框，在搜索框里输入关键字，系统将自动在该目录下搜索文件或文件夹，如图 2-35 所示。

图 2-35　搜索文件或文件夹对象

2.4　应用程序管理

计算机系统中的应用程序可以帮助用户完成更多的工作，在计算机使用过程中，用户会接触到各种各样的应用程序，也就是软件。这些软件除了 Windows 10 操作系统自带的内置应用程序外, 用户可以从多种渠道安装所需的应用程序, 例如从微软商店安装通用应用程序, 或从网上下载安装。

2.4.1　安装应用程序

1. 从微软商店安装应用程序

微软应用商店中提供了大量的通用应用软件, 有游戏、娱乐和高效工作软件等, 应有尽有。如果要获得微软商店的应用程序, 需要连接网络并登录 Microsoft 账户。在"开始"菜单的应用列表中打开 Microsoft Store, 在微软商店窗口中, 显示了各种热门应用、特别推荐、热门游戏和集锦等, 在"高效工作"选项卡下, 打开"装机必备", 这里提供了很多常用的应用, 可以购买并安装, 如图 2-36 所示。

2. 从官方网站下载并安装应用程序

用户可以在受信任的网站下载并安装应用程序, 搜索要安装的软件, 找到官方网站下载安装包, 或通过天空下载站、华军软件园、中关村下载等专门的免费软件下载网站来下载安装包程序。

安装应用程序时, 只需运行已下载的应用程序的安装程序即可, 双击运行安装文件, 如 Setup. exe 安装文件。按照安装向导提示一步一步进行操作, 即可完成安装。如果安装的应用程序是光盘中的, 则打开应用程序安装盘, 系统会自动运行光盘中的自启动安装程序。

3. 通过第三方软件管理程序进行安装

第三方计算机软件管理工具提供了软件下载、安装、升级和卸载等管理功能, 同时还具备高速下载、去插件安装、卸载恶意软件等特色功能, 这类软件管理程序的软件库提供了大量的软件供用户选择下载。常见的第三方软件管理程序主要有 360 软件管家、腾讯软件管理、百度软件中心等。如图 2-37 所示为 360 软件管家的界面。

图 2-36　微软商店提供的应用　　　　　　　图 2-37　360 软件管家界面

安装的应用程序会在 Windows 的注册表中进行注册, 并自动在"开始"菜单的应用列表中添加相应的程序选项。

2.4.2　卸载应用程序

删除程序软件不能单纯删除软件所在程序的目录或文件夹, 因为在 Windows 环境下安装的软件都会在注册表中注册，有的软件在安装中还会在 Windows 目录中复制一些共享程序，所以单纯删除软件的目录或文件夹不能把软件彻底的删除掉，而应卸载应用。

方法 1：在"开始"菜单的应用列表中找到要卸载的应用，右键单击该应用，在弹出的右键快捷菜单中选择"卸载"，即可卸载该应用，如图 2-38 所示。

方法 2：在键盘上按"Win + I"组合键打开"设置"窗口，单击"应用"按钮，打开"应用和功能"窗口，在左侧栏选择"应用和功能"选项，右侧窗格向下滚动，则会看到计算机中已安装的所有应用，找到并选中要卸载的应用，单击"卸载"按钮，按卸载对话框的提示完成卸载即可，如图 2-39 所示。

图 2-38　快速卸载应用

图 2-39　通过设置窗口卸载应用

2.4.3　系统附带常用小工具

Windows 10 操作系统中除了内置的通用应用外，还包含一些常用小工具，非常实用，且功能强大。

1. 画图工具

"画图"是系统自带的绘图工具，Windows 10 操作系统的画图程序可以绘制图形或画图。在没有安装其他专业图形处理软件时，使用画图工具也可对图片进行简单处理，如图片的裁剪、旋转、调整大小、添加文字等，通过 Windows 10 操作系统画图就能轻松实现。

具体操作方法：

1）单击"开始"菜单→"Windows 附件"→"画图"命令，打开"画图"应用程序，按"Ctrl + O"组合键，出现"打开"对话框，找到图片并打开，如图 2-40 所示。

2）对该图片进行编辑，尝试调整大小、裁剪、旋转、添加文字等操作。"主页"选项卡功能如图 2-41 所示。

例如要调整图片大小，单击"主页"选项卡的"重新调整大小"按钮，打开"调整大小和扭曲"对话框，在对话框中可重新设置数值调整图片大小、倾斜角度等，如图 2-42 所示。

2. 计算器

Windows 10 操作系统中计算器虽然体积很小，但是功能却相当多，包括标准型、科学

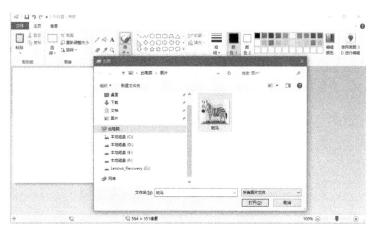

图 2-40　在画图程序中打开一幅图片

图 2-41　画图程序的"主页"选项卡

型、绘图型、程序员、日期计算等多种模式的计算方式，此外还包含单位换算等转换功能，解决一些我们日常要换算的单位计算，例如将公里数转换为英里数，焦耳转换为英国热量单位等。

在"开始"菜单的应用列表中找到"计算器"，单击打开。此时默认打开计算器的模式为标准型，如图 2-43 所示。

例如：将二进制数 10110010 转换成十进制数。

单击计算器左上角的"导航"按钮，从展开的列表中选择"程序员"，将计算器切换到"程序员"模式，单击选择二进制"BIN"，此时在对话框内输入二进制数 10110010，窗口里会显示相对应的十六进制数、十进制数、八进制

图 2-42　调整图片大小

数和二进制数转换结果，在此得出转换为十进制数的结果是 178，如图 2-44 所示。

3. 写字板

Windows 10 操作系统自带的写字板是一个文字处理程序，用户可以利用它进行日常工作中文档的编辑，还可以图文混排。如果我们的计算机中还没有安装 Microsoft Office 等办公软件，对要求不高的文档编辑操作，使用系统附带的写字板是一个不错的选择。

图 2-43　计算器标准模式

图 2-44　计算器进行进制转换

单击"开始"菜单按钮→"Windows 附件"→"写字板"命令→打开"写字板"应用程序，如图 2-45 所示。

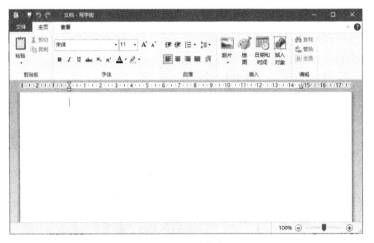

图 2-45　写字板

"写字板"打开之后，在文本编辑区输入文本内容。结合输入法的学习，输入一段文本，尝试对文本进行删除、移动、复制、保存等基本操作，再尝试对文本进行简单的编辑，例如通过"主页"选项卡中的命令对字体格式、段落格式进行设置。

4. 截图工具

Windows 10 操作系统自带的截图工具用于截取屏幕上的图像，并对图像进行简单的编辑操作，截图工具可以根据实际需要截取任意形状、矩形、窗口和全屏四种方式的图像。

单击"开始"菜单按钮→"Windows 附件"→"截图工具"命令→打开"截图工具"应用程序。默认是矩形截图，单击"模式"下拉按钮弹出"截图方式"菜单，包括任意格式截图、矩形截图、窗口截图、全屏幕截图"四种截图方式。选择"任意格式截图"模式，单击"新建"菜单按钮，整个屏幕蒙上一层浅灰色，鼠标指针变为剪刀形状，拖动鼠标画出红色的任意形状范围，即可截取相应图像，如图 2-46 所示。

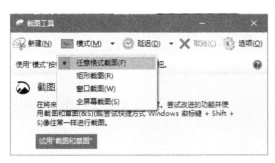

图 2-46　截图工具窗口

实验操作 1　Windows 10 操作系统基本操作

【实验目的】

通过本次实验的训练，应掌握：

（1）Windows 10 操作系统的桌面。

（2）鼠标的基本操作。

（3）窗口和菜单的基本操作。

【相关知识】

1. 中文输入法

（1）各输入法之间切换（Ctrl + Shift）。

（2）中英文之间切换（Ctrl + 空格）。

（3）中文输入法状态条（中英文、全角半角、中英文标点、软键盘）。

（4）通过软键盘输入特殊符号。

（5）中文的键入。

2. 剪贴板

剪贴板是 Windows 程序之间、文件之间交换信息时，用于临时存放信息的一块内存空间。剪贴板不但可以存储正文，还可以存储图像、声音等信息。通过它可以把各文件的正文、图像、声音粘贴在一起形成一个图文并茂、有声有色的文档。

利用"剪贴板"交换信息的一般过程：

（1）选取文件、文件夹或文件中的信息等对象。

（2）将选取的对象放到剪贴板上，即"复制"或"剪切"操作。

（3）从剪贴板取出交换信息放在文件中插入点位置或文件夹中，即"粘贴"操作。

3. 对话框

认识选项卡、文本框、数值框、列表框、下拉列表框、单选按钮、复选框、命令按钮。

【实验内容及步骤】

1. 了解桌面的基本构成

正常启动 Windows 10 操作系统后，仔细观察桌面组成，认识应用程序和图标。

2. 练习鼠标的基本操作

鼠标的基本操作主要有：指向、单击、右击、双击和拖动等。

（1）首先移动鼠标，观察鼠标指针的变化，多次练习，灵活移动鼠标，准确定位。

（2）将鼠标指针移动到桌面的"此电脑"图标上，然后右击，观察出现的右键快捷菜单。

（3）单击"此电脑"图标，观察有何变化。

（4）双击"此电脑"图标，观察打开的窗口。

3．桌面的简单调整

将鼠标指向"此电脑"，然后按下左键进行拖动，可将"此电脑"图标拖到桌面的其他位置。通过这样的方式，调整桌面上的图标排列顺序。

4．掌握窗口的基本组成和基本操作

（1）双击"此电脑"图标，打开"此电脑"窗口，仔细观察窗口的组成，如图2-47所示。

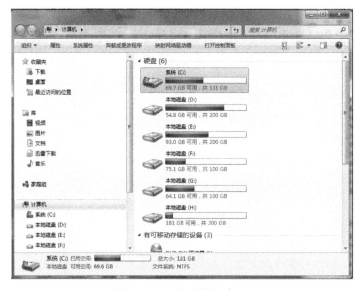

图2-47　"此电脑"窗口

（2）将鼠标移动到窗口四个边框的任意边，然后按住左键拖动鼠标，可以改变窗口的高度或宽度。多做几次练习，熟练掌握鼠标的定位，将打开的窗口调整到适当大小。

（3）将鼠标移动到窗口四个角的任意一个角，然后按住左键拖动鼠标，可同时改变窗口的高度和宽度。

（4）将鼠标移动到标题栏，然后按住左键拖动鼠标，可以移动窗口在桌面上的位置。

实验操作 2　文件和文件夹操作

【实验目的】

通过此实验掌握文件和文件夹的概念；学习掌握"资源管理器"的基本操作；学习如何新建文件和文件夹；熟练掌握文件和文件夹的选定、复制、移动、重命名、删除以及回收站的基本操作等。

【相关知识】

1．文件名

Windows 系统支持长文件名，最多可达 255 个字符，可以使用英文字母、数字、汉字和一些特殊符号，且可以包含空格和多个点号，但不能出现以下字符：\、/、:、*、?、"、

＜、＞、|，不区分英文大小写。

2. 回收站操作

当存放在磁盘中的文件不再需要时，可以将其删除，以便释放磁盘空间。为了安全起见，Windows 系统建立了一个特殊的文件夹，命名为"回收站"。一般情况下，先将要删除的文件或文件夹移动到回收站，一旦发现是误操作，需要恢复被删除的文件或文件夹时，只要打开回收站，将其还原即可。回收站的基本操作有还原、删除和清空回收站。

【实验内容及步骤】

1. 资源管理器的使用

将 D 盘的文件及文件夹的显示方式改为"详细信息"方式，并且按照"修改日期"排序。

具体操作方法：

（1）打开 Windows 10 操作系统的资源管理器，浏览 D 盘，在"查看"选项卡的"布局"选项组中，单击"详细信息"命令，如图 2-48 所示。

图 2-48　修改文件及文件夹的显示方式

（2）在"当前视图"选项组中单击"排序方式"命令，在展开的下拉列表中选择"修改日期"，如图 2-49 所示。

2. 新建文件夹和文件

（1）新建文件夹，文件夹名称为"文件和文件夹的操作"。

具体操作方法：打开 D 盘，在空白处单击鼠标右键，在弹出的右键快捷菜单中选择"新建"，再选择"文件夹"，如图 2-50 所示。

在 D 盘根目录的空白处将出现文件夹的图标 ▭ 新建文件夹 ，用键盘输入新文件夹的名字"文件和文件夹的操作" ▭ 文件和文件夹的操作 ，按"Enter"键后这个新文件夹就创建完毕 ▭ 文件和文件夹的操作 。

（2）新建记事本文件，文件名称为"操作方法 . txt"。

具体操作方法：双击打开刚创建的文件夹"文件和文件夹的操作"，空白处单击鼠标右键，在弹出的右键快捷菜单中选择"新建"→"文本文档"，命名为"操作方

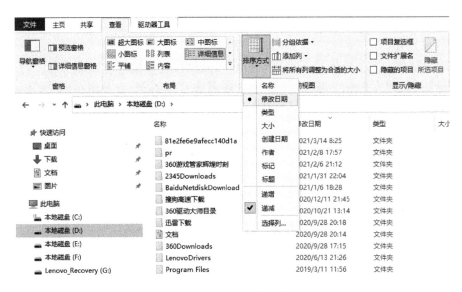

图 2-49　设置排序方式

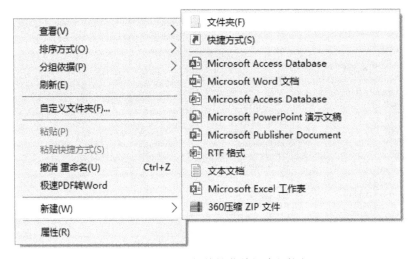

图 2-50　通过右键快捷菜单新建文件夹

法．txt" 📄 操作方法 。

3. 文件或文件夹的选定

（1）选定单个文件或文件夹。

具体操作方法：单击要选择的文件或文件夹，此时，该文件或文件夹会变为浅蓝色背景，表示该文件或文件夹被选定。

（2）选定连续多个文件或文件夹。

具体操作方法：如果要选择的文件或文件夹在窗口中的位置是连续的，则可以在第一个（或最后一个）要选定的文件或文件夹上单击，然后按住"Shift"键不放，再单击最后一个（或第一个）要选定的文件或文件夹。此时，从第一个到最后一个文件或文件夹连续的所有文件或文件夹都被选定。

（3）选定多个不连续的文件或文件夹。

具体操作方法：按住"Ctrl"键不放，再依次在每个要选定的文件或文件夹上单击，被单击的文件或文件夹都变为蓝色，表示被选定。应该注意，如果在按住"Ctrl"键不放的同时单击已被选定的文件或文件夹，则此文件或文件夹将恢复正常，被取消选定。

（4）全部选定。

具体操作方法：如果要选定某个文件夹中的所有文件或文件夹，按"Ctrl + A"组合键，此时，该文件夹下的所有文件或文件夹都将变为蓝色被选中。

（5）取消选定。

具体操作方法：如果只取消一个被选定的文件或文件夹，可以按住"Ctrl"键不放，然后单击要取消的文件或文件夹；如果要取消所有被选定的文件或文件夹，可以在用户区的任意空白处单击，此时，被选定的文件或文件夹的颜色都由蓝色恢复正常，表示已取消选定。

请多次练习，熟练掌握各种不同的选定方法。

4. 文件或文件夹的复制

（1）利用剪贴板进行复制。

具体操作方法：打开"资源管理器"窗口，将要被复制的文件或文件夹显示出来，选定要复制的文件或文件夹，在选定的文件或文件夹上单击鼠标右键，弹出右键快捷菜单，选择"复制"命令，则可将选定的文件或文件夹复制到剪贴板。

打开要存放文件或文件夹的目的窗口，在空白处右击，弹出右键快捷菜单，选择"粘贴"命令，则可以将剪贴板中的内容复制到当前位置，如图 2-51 所示。

（2）在文件资源管理器窗口拖动进行复制。

具体操作方法：打开将要被复制的文件或文件夹所在的窗口，使要被复制的文件或文件夹在窗口中显示出来。再打开将要存放文件或文件夹的窗口，此时桌面上应该出现两个窗口，一个是源窗口，另一个是目标窗口。

如果源位置与目标位置在同一驱动器下，选定要复制的文件或文件夹，按住"Ctrl"键不放，同时按住鼠标左键拖动，将文件或文件夹对象从源窗口拖动到目的窗口，释放鼠标左键和"Ctrl"键，复制完成，如图 2-52 所示。

如果源位置与目标位置在不同的驱动器下，直接拖动文件或文件夹对象即可完成复制操作。

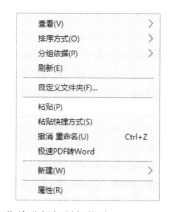

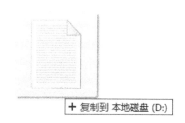

图 2-51　通过右键快捷菜单进行复制与粘贴　　　　　图 2-52　拖动文件实现复制

在使用拖动的方式复制文件或文件夹对象时，要注意观察图标提示是复制还是移动，再恰当地使用"Ctrl"键或"Shift"键，完成复制操作。

5. 删除文件或文件夹

具体操作方法：

（1）打开文件夹窗口，将要被删除的文件或文件夹显示出来，然后选定要删除的文件或文件夹，在文件上右击鼠标，将出现一个右键快捷菜单，选择"删除"命令，即可将选定的文件或文件夹移动到回收站。

（2）选定要删除的文件或文件夹，按键盘上的"Delete"键，也会删除文件或文件夹。

（3）选定要删除的文件或文件夹，使用"Shift + Delete"组合键，在弹出的"删除文件"对话框中单击"是"按钮，将永久删除对象无法恢复，如图 2-53 所示。

6. 从回收站中恢复删除的文件

具体操作方法：打开"回收站"，选中要恢复的文件，单击鼠标右键，在弹出的快捷菜单中选择"还原"命令，该文件即可被还原到删除前的原位置，如图 2-54 所示。

图 2-53　"删除文件"对话框

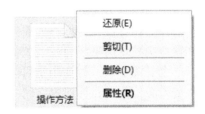

图 2-54　回收站的基本操作

习　题　2

【选择题】

1. 窗口被最大化后如果要调整窗口的大小，正确的操作是（　　）。

A. 用鼠标拖动窗口的边框线

B. 单击"向下还原"按钮，再用鼠标拖动窗口的边框线

C. 单击"最小化"按钮，再用鼠标拖动窗口的边框线

D. 用鼠标拖动窗口的四角

2. 计算机系统中必不可少的软件是（　　）。

A. 操作系统　　　　　　　　　　　　　B. 语言处理程序

C. 工具软件　　　　　　　　　　　　　D. 数据库管理系统

3. 下列程序不属于"Windows 附件"的是（　　）。

A. 画图　　　　　　　B. 写字板　　　　　　　C. 控制面板　　　　　　D. 截图工具

4. 下列叙述中，不正确的是（　　）。

A. Windows 10 操作系统中打开的多个窗口，既可堆叠显示也可层叠显示

B. Windows 10 操作系统可以利用剪贴板实现多个文件之间的复制

C. 在"文件资源管理器"窗口中，用鼠标左键双击应用程序名，即可运行该程序

D. 在 Windows 10 操作系统中不能对文件夹进行更名操作

5. 在 Windows 10 操作系统中，可以打开"开始"菜单的组合键是（　　　）。

　A. Ctrl + O　　　　　　　B. Ctrl + Esc　　　　　　C. Ctrl + 空格　　　　　D. Ctrl + Tab

6. 在 Windows 10 操作系统中，下列关于"回收站"的叙述中，正确的是（　　　）。

　A. 不论从硬盘还是 U 盘上删除的文件都可以从回收站恢复

　B. 不论从硬盘还是 U 盘上删除的文件都不能从回收站恢复

　C. 用"Delete"键从硬盘上删除的文件可从回收站恢复

　D. 用"Shift + Delete"组合键从硬盘上删除的文件可从回收站恢复

7. 在桌面上，如果需要选定多个非连续排列的图标，应按下（　　　）。

　A. Ctrl + 单击要选定的对象

　B. Alt + 单击要选定的对象

　C. Shift + 单击要选定的对象

　D. Ctrl + 双击要选定的对象

8. 在 Windows 操作系统中，开始菜单的作用是（　　　）。

　A. 供执行程序使用

　B. 作为档案保存

　C. 用于组织文件

　D. 列出设备使用情况

9. 在 Windows 操作系统中随时能得到帮助信息的功能键或组合键是（　　　）。

　A. Ctrl + F1　　　　　　　B. Shift + F1　　　　　　C. F3　　　　　　　D. F1

10. 当一个文件更名后，该文件的内容（　　　）。

　A. 完全消失　　　　　　　B. 部分消失　　　　　　C. 完全不变　　　　　D 部分不变

11. 有关 Windows 操作系统中的写字板、记事本、画图的叙述中正确的是（　　　）。

　A. 它们都是文字处理软件

　B. "记事本"创建的文档在"画图"中可以浏览

　C. "画图"创建的位图文件可以在"记事本"中编辑

　D. "记事本"创建的文档可以在"写字板"中编辑

12. 在"文件资源管理器"窗口中，若希望显示文件的名称、修改日期、类型、大小等信息，则应选择"查看"选项卡中的布局方式是（　　　）。

　A. 列表　　　　　　　　　B. 详细信息　　　　　　C. 大图标　　　　　　D. 中图标

13. 在画图程序中绘制一个圆，需要按住（　　　）键，再使用椭圆形状进行绘制。

　A. Ctrl　　　　　　　　　B. Shift　　　　　　　C. Alt　　　　　　　D. Tab

14. 在 Windows 操作系统中，指定活动窗口的方式是（　　　）。

　A. 用鼠标单击该窗口任意位置

　B. 反复按"Ctrl + Tab"组合键

　C. 把其他窗口都关闭，只留下一个窗口

　D. 把其他窗口都最小化，只留下一个窗口

15. 正常退出 Windows 操作系统，正确的操作是（　　　）。

A. 在任何时刻关掉计算机的电源

B. 单击"开始"菜单中的"关机"按钮并进行人机对话

C. 在计算机没有任何操作的状态下关掉计算机电源

D. 在任何时刻按"Ctrl + Alt + Delete"组合键

【填空题】

1. 桌面底部有一长方条，叫作_____。

2. 若要选定连续的多个图标，可先单击要选定的第一个图标，然后按下_____键，再单击最后一个图标，则这个连续区域中的所有图标都被选中。

3. 当打开多个程序窗口时，可以用_____组合键来完成多个窗口的切换。

4. 要重新将桌面上的图标按名称排列，可以用鼠标在桌面空白处右击，在弹出的快捷键菜单中，选择_____中的"名称"命令。

5. 按 Ctrl + _____组合键可实现中英文输入法的自由切换。连续按_____组合键，可不断地切换到其他输入法。

6. 当用户打开了多个窗口，而且需要全部显示在屏幕上，Windows 10 为用户提供了层叠显示窗口、_____和_____三种排列方式。

7. 要将整个桌面的内容作为图片存入剪贴板，应按_____键。

8. Windows 操作系统中选定当前文件夹中的全部文件和文件夹对象应使用的组合键是_____。

9. 在 Windows 操作系统中，关闭某一窗口的快捷键是_____。

10. 选择一张图片作为 Windows 的桌面背景，该图片在桌面的显示位置有填充、适应、_____、_____、_____和跨区等方式。

【判断题】

（　　）1. 接鼠标的 USB 接口不能接打印机和其他设备。

（　　）2. 在 Windows 操作系统中，鼠标的左右键可以进行交换。

（　　）3. 在 Windows 操作系统中操作时有时看不见任务栏，表示该系统中没有安装任务栏。

（　　）4. 在剪切和粘贴操作时，数据暂时存储在 CPU 里。

（　　）5. 写字板和记事本都能够编辑保存带格式的文件。

（　　）6. Windows 操作系统的窗口不仅可以移动，也可以改变大小。

（　　）7. 在 Windows 操作系统中，U 盘里被删除的文件不能从"回收站"恢复。

（　　）8. Windows 操作系统中，单击当前窗口的"最小化"按钮后，该窗口将被关闭。

（　　）9. Windows 操作系统的任务栏可以放在桌面右边。

（　　）10. Windows 操作系统中不能使用"x/y"作为文件夹名。

【简答题】

1. 如何自动隐藏任务栏？

2. 当打开多个窗口时，如何在各个窗口之间进行切换？

3. 什么是快捷方式？

项目3

文字处理软件——Word 2016

【项目导读】

Microsoft Office 是当前世界上应用最广泛的办公软件，通常用年份表示其版本，版本越高，功能越强。Word 2016 是一款文字处理软件，它是微软公司办公软件的其中一个组件，通常用于文档的创建和排版，无论是对通知、计划、总结、报告、各种表格的处理，还是对论文、书籍等长文档的处理，都可以轻松胜任。Word 2016 功能强大，视觉效果更加生动，比之前的版本增加了许多功能，使用更加方便灵活。

【学习目标】

1. 掌握文档格式的设置方法。
2. 掌握 Word 表格的制作方法。
3. 掌握文档的图文混排。
4. 掌握文档的页面设置与打印。

3.1 Microsoft Word 2016 使用初步

3.1.1 Word 2016 的启动与退出

1. 启动 Word 2016 的几种方法

1）常规启动：选择"开始"菜单，如果近期使用过该软件，会直接看到"Word 2016"图标；或者在"所有程序"里单击"Microsoft Office 2016"文件夹，其中包含所有已安装的 Office 组件，单击"Word 2016"即可启动，如图 3-1 所示。此时系统提示创建一个文档，用户可选择创建。

2）快捷图标启动：如果已在桌面上建立了 Word 2016 快捷方式图标，双击该图标即可打开 Word 2016。如果桌面上没有 Word 2016 快捷方式图标，也可自己建立，方法是通过开始菜单找到"Microsoft Word 2016"，将其拖至桌面，释放鼠标，即可在桌面创建 Word 2016 的快捷方式。

3）直接打开已有的 Word 文件：双击已保存在计算机中的 Word 文档，就会启动 Word 2016，同时打开该文档。

2. 退出 Word 2016 的几种方法

1）单击 Word 窗口标题栏右侧的"关闭"按钮 ❌。

2）在 Word 功能区的"文件"选项卡中选择"关闭"命令。

图 3-1　通过开始菜单启动 Word 2016

3）按组合键"Alt + F4"关闭当前 Word 窗口。

3.1.2　Word 2016 的界面与窗口组成

启动 Word 2016 后，默认空白文档的窗口如图 3-2 所示。

图 3-2　Word 2016 窗口界面

1. 标题栏

标题栏位于窗口顶部，标题栏中部显示当前启动的应用程序名称及正在编辑的文档名。标题栏右边是功能区显示选项"最小化""最大化/向下还原"和"关闭"按钮。

新建 Word 2016 时，默认打开的文档名是"文档 1"，如不保存继续新建，依次是"文档 2""文档 3"……

Word 2016 文档的扩展名为 .docx。

2. 快速访问工具栏

快速访问工具栏位于标题栏左侧，这里显示一些常用命令按钮，例如"保存""撤销"和"恢复"按钮，单击快速工具栏里的命令按钮，即可直接执行该命令。

可以根据需要设置快速访问工具栏中的命令，一般将常用命令或用户使用频率较高的命令添加到快速访问工具栏中，以提高工作效率。单击快速访问工具栏右侧的下拉箭头可打开下拉菜单，选择相应命令即可添加到快速访问工具栏中。

3. 功能区

Word 2016 延续了之前 2010 版和 2013 版的布局方式，将各种命令根据功能的不同进行分组，放在不同的功能选项卡区域。这种选项卡的方式非常直观，操作性很高。

Word 2016 将功能区分为文件、开始、插入、设计、布局、引用、邮件、审阅、视图等编辑文档的选项卡。

除了默认的功能选项卡，Word 2016 还有上下文选项卡，这是在编辑某些特定对象时才会出现的选项卡，一般显示在功能选项卡之后。例如：若要操作图表对象，当选中图表时，就会增加"设计"和"格式"两个上下文选项卡。这样灵活智能，又保证版面的整洁，如图 3-3 所示。

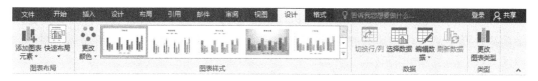

图 3-3 Word 功能区的上下文选项卡

选项卡中的命令会随着窗口大小的变化调整大小，当窗口缩小时，功能区的功能按钮会变窄，有时多个命令选项会折叠，只需单击下拉箭头就可以看到全部命令。

4. 文档工作区

Word 窗口中间的大块区域是文档工作区域（文本区），用来输入和编辑文字、表格、图形等。文档窗口闪烁着的竖线称为光标或插入点，用来标识在文档中插入对象的位置。文档窗口有两条滚动条，用以显示在该文档屏幕以外部分的内容。滚动条分为垂直滚动条和水平滚动条。

5. 状态栏

状态栏位于文档窗口下方，状态栏左侧显示当前页数/总页数、选中文本的字数/文档总字数、输入的字符类型等，右侧是 Word 的视图方式与显示比例，如图 3-4 所示。

第 3 页，共 57 页   69/32530 个字   中文(中国)   + 100%

图 3-4 状态栏

6. 视图方式

Word 2016 有五种视图模式，分别是页面视图、阅读视图、Web 版式视图、大纲视图和草稿视图。通过单击视图模式按钮可以切换不同的视图方式。

1）页面视图：Word 默认的视图模式，是制作文档时最常用的一种视图。这种视图模式，可以显示整个页面的分布情况和文档中所有的元素，并能对它们进行设置。在页面视图下，显示效果反映了打印后的真实效果，真正做到了"所见即所得"。

2）阅读视图：版面以最大空间来显示文档，功能区域、状态栏等被隐藏，利于用户阅读。

3）Web 版式视图：用于显示文档在 Web 浏览器中的外观。这种视图模式下，便于浏览和制作 Web 网页。

4）大纲视图：使长篇文档的结构修改变得容易，可以通过拖动标题来移动、复制或重新组织正文。在大纲视图中，可以折叠文档，只看主标题；或者扩展文档，以便查看整个文档。

5）草稿视图：只显示文档的文本，不会显示页边距、页眉、页脚、图片等元素，是最节省空间的视图模式。

3.1.3 Word 2016 的基本操作

1. 创建文档

启动 Word 2016 时会新建空白的 Word 文档。

若用户已启动 Word 2016 应用程序，需要新建一个 Word 文档。则在功能区单击"文件"选项卡，在其中选择"新建"命令，在"可用模板"选区内选择"空白文档"，也可以选择一种模板，就可创建一个新的文档。

Word 2016 提供了许多模板，用户可以根据需要选择，选中某种模板，右侧的预览区将显示预览效果，单击"创建"按钮即可创建一个文档。经过编辑，能快速完成一个精美、专业的文档，如图 3-5 所示。

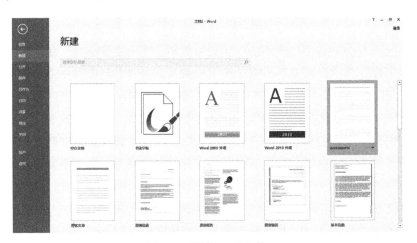

图 3-5　新建 Word 文档

2. 打开文档

若计算机中有已经存在的 Word 文档，可双击该文档的图标直接打开。

若已打开 Word 应用程序，可以通过"文件"选项卡，选择"打开"命令，单击"浏览"，会弹出"打开"对话框。在"打开"对话框中，选择文档所在路径，选中某文档后单击"打开"按钮，即可打开文档，如图 3-6 所示。

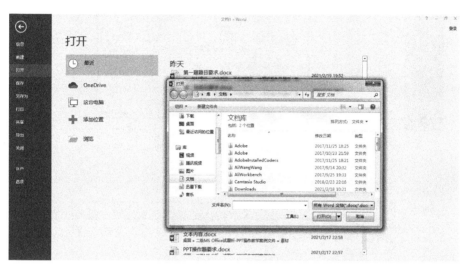

图 3-6　打开 Word 文档

3. 保存文档

用户新创建的文档和正在编辑中的文档存放在内存中，任何一次对计算机的意外操作，如停电、死机、错误操作等，都有可能导致文档的丢失，因此需要将输入的文档数据及时保存。

（1）保存　对正在编辑的文档，应适时地做一下保存操作，以免系统突然断电而造成数据丢失。用户可以通过以下方法保存文档：

在"文件"选项卡中选择"保存"命令或"另存为"命令。

也可使用组合键"Ctrl + S"进行保存。

还可以单击"快速访问"工具栏中的"保存"图标按钮进行保存。

（2）另存为　对新建文档进行第一次保存时，Word 会进入"文件"选项卡的"另存为"选项组，单击"浏览"，弹出"另存为"对话框，如图 3-7 所示，在该对话框中需要进行以下操作。

1）选择保存位置。在默认情况下，Word 2016 将文档保存在"库\文档"文件夹中，如果想更改保存位置，可以单击左侧计算机位置，选择希望保存的驱动器和文件夹路径。

2）输入文件名。用户选择了保存位置后，如果直接单击"保存"按钮，Word 会将文档的第一句话作为这个文档的文件名进行保存；如要命名，在"另存为"对话框的"文件名"文本框中输入文件名。

3）选择文件类型。文档默认保存为 Word 文档（*. docx）类型，用户可根据需要选择其他保存类型，如 PDF（*. pdf）等，如图 3-8 所示。

（3）自动保存　自动保存是一种更方便、更安全的保存方式，用户只要设定好时间，

图 3-7　"另存为"对话框

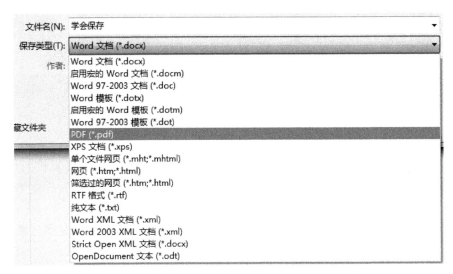

图 3-8　Word 文档的保存类型

系统就会在指定的时间间隔自动保存文档。

在"文件"选项卡，选择"选项"命令，将打开"Word 选项"对话框，在对话框左侧选择"保存"，右侧显示出和保存文档相关的选项。在这里可以设置希望自动保存的时间间隔，默认自动保存的时间间隔是 10 分钟。需特别注意的是，自动保存通常要在输入文档内容之前设置，而且只对 Word 文档类型有效，如图 3-9 所示。

4. 保护文档

给 Word 文档设置密码，可以保护文档，防止其他人查看或修改。

在"文件"选项卡中，选择"信息"命令，右侧将显示该文档的信息。单击"保护文档"按钮，可以设置"权限"。选择"用密码进行加密"可以给文档设置密码，防止他人查看；选择"限制编辑"可以给文档增加各种保护权限，如格式设置限制、编辑限制或启动强制保护等，如图 3-10 所示。

图 3-9   "Word 选项"对话框

图 3-10   信息界面和保护文档按钮

3.2   文档的输入与字体格式

3.2.1   文档的输入与编辑

1. 输入文档

文档的输入主要指文字的输入和图片、符号、表格等元素的插入操作。当启动 Word

时，系统会创建一个空白文档，在文档编辑区内可以看到一个闪烁的"｜"形光标，这就是插入点，是输入的起始位置。

（1）插入点的移动 在输入时，插入点会随着文字的增加而不断往右移动。在整个输入过程中难免会出现漏字、错字的情况，需要随时移动插入点进行修改。下面介绍几种常用的插入点移动方法：

1）用"↑""↓""←""→"方向键可将插入点在字里行间上下左右地移动。

2）用"Home"键可将插入点快速移到行首。

3）用"End"键可将插入点快速移到行尾。

4）用"Ctrl + Home"组合键可将插入点快速移到文档首。

5）用"Ctrl + End"组合键可将插入点快速移到文档尾。

6）文档输入过程中，在文中单击鼠标左键，可将插入点快速移动到鼠标单击处。

（2）插入方式和改写方式 在输入前要注意 Word 的编辑状态是插入还是改写方式，这两种方式下，文字输入的效果是不一样的（默认为插入状态）。

插入状态：在光标所在点输入文字后，光标后的文字就会往后移，这是通常需要的状态。

改写状态：在光标所在点输入文字时，光标后的文字就会一个一个地被替换掉。

如果想随时查看或改变当前的编辑状态，用右键单击状态栏，弹出"自定义状态栏"菜单，选择"改写"命令，状态栏就会出现"插入/改写"文字，如图 3-11 所示。

用户单击状态栏的"插入/改写"文字，或单击键盘上"Insert"键均可修改插入/改写状态。

图 3-11 自定义状态栏的"插入/改写"

（3）输入文字 在输入文字前，应当首先确定输入点的位置是否合适，并选择一种自己熟悉的中文输入法。用户在具体输入文字时应注意以下细节：

1）随着字符的输入，插入点光标从左向右移动，到达文档右边界时自动换行。只有在开始一个新的自然段或需要产生一个空行时才需要按"Enter"键，按键后会产生一个段落标记（↵），用于区分段落。

如果看不到段落标记，可以单击"开始"选项卡的"段落"选项组中的"显示/隐藏段落标记"图标 ↵ 使之显示。

2）在 Word 中，还存在一些有特殊意义的符号，称为非打印字符，它们在 Word 文档中可以看到，但在打印时纸上不会显示。例如：段落标记符、人工换行符、分页符、制表符等。

3）如果输入没有到达文档的右边界就需要另起一行，而又不想开始一个新的段落时（如唐诗或诗歌的输入），可以按"Shift + Enter"组合键产生一个手动换行符（↓），就会实现既不产生新段落又可换行的操作。

4）当输入的内容超过一页时，系统会自动换页。如果在未满一页时，要强行将后面的内容另起一页，可以按"Ctrl + Enter"组合键输入分页符来达到目的。

5）在输入过程中，如果遇到只能输入大写英文字符，不能输入中文的情况，这是因为大小写锁定键已打开。按键盘上"CapsLock"键可从小写输入切换到大写输入并锁定，再次按此键则切换回正常中文或小写输入。

6）如果不小心输入了错误的字符，可以用"Backspace"键或"Delete"键删除。前者删除的是光标左边的字符；后者删除的是光标右边的字符。

（4）输入符号　文档中除了普通文字外，常需要输入一些符号。可以通过以下方法来输入：

1）键盘直接输入。某些标点符号可通过键盘直接输入。例如：键盘主键区的每个数字键也对应一个符号键，按下"Shift"键的同时再按数字键，会输入键盘上提示的符号。注意在中文标点符号状态下，键盘上的标点符号会产生变化。例如：英文标点状态下输入的英文句号是"."，在中文标点状态下输入的中文句号是"。"；中文状态下输入"＼"会显示为中文顿号"、"；英文状态下输入小于/大于符号"＜"和"＞"，在中文标点符号状态下会显示为书名号"《"和"》"等。中英文标点符号的切换可以通过按"Ctrl + 句号"组合键来实现。

2）软键盘输入。一些特殊的标点符号、数学符号、单位符号、希腊字母等，可以利用输入法状态栏的软键盘输入。方法是：用鼠标右键单击输入法状态条上的"软键盘"按钮▦，在弹出的快捷菜单中选择字符类别，再选中需要的字符。注意在用软件盘输入完符号后需要切换回 PC 键盘，否则输入的内容仍为软键盘中显示的特殊符号。

3）插入命令。在"插入"功能选项卡的"符号"选项组中，单击"符号"按钮，将展开"符号"下拉框，选择"其他符号…"，就会打开"符号"对话框，如图 3-12 所示，在对话框中有丰富的符号，可根据需要选择插入。

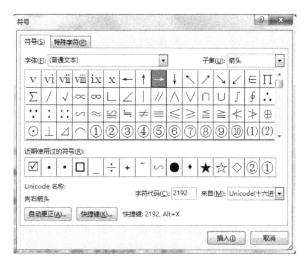

图 3-12　插入符号

4）插入日期和时间。如果需要快速在文档中加入各种标准的日期和时间，可以选择"插入"选项卡的"文本"选项组，单击"日期和时间"命令，打开"日期和时间"对话框，如图 3-13 所示，选择需要的日期时间格式即可。如果希望每次打开文档时，时间自动更新为打开文档的时间，需要勾选"自动更新"复选框。

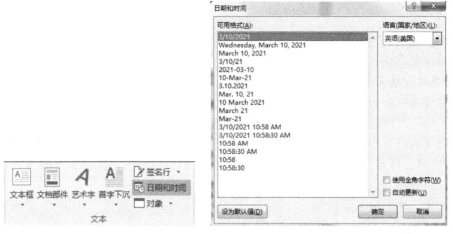

图 3-13　插入日期和时间

2. 选定文本

文字输入后，需要对它们做进一步的加工整理，使之达到满意的效果。对文档进行加工时首先要做的是选定内容，被选定的内容呈灰色底纹。内容选后才可以做有针对性的各项操作。如果想要取消选择，可以将鼠标移至选定文本外的任何区域单击即可。选定文本的方法如下：

（1）用鼠标选定文本

1）当鼠标指针为"I"形时：

① 单击：光标定位。

② 双击：选定一个词。

③ 三击：选定一段。

④ 选定连续的任意数量的文字：将"I"形的鼠标指针定位到第一个要选定的文字左边，按住鼠标左键，拖动鼠标一直到要选定文字的结尾，释放鼠标。

⑤ 选取图片或艺术字：将鼠标移至图片或艺术字上，单击鼠标左键即可选定。

2）文档的左边空白处，也称文档选定区，是 Word 软件特有的选择方式。当鼠标移动到文档选定区，鼠标指针变成指向右上方的空心箭头时：

① 单击：选定箭头所指的一行。

② 双击：选定箭头所指的一段。

③ 三击：选定整篇文档。

（2）用键盘选定文本　使用键盘选定文本的方法：按住"Shift"键的同时，使用键盘的组合键操作，这样就可以把选定范围扩展到插入点移动到的位置。

1）"Shift + 方向键"组合键：向上下左右选取光标经过的字符。

2）"Ctrl + Shift + →（或←）"组合键：向右（或向左）选取一个单词。

3）"Shift + Home"组合键：从插入点位置选定到当前行的行首。

4）"Shift + End"组合键：从插入点位置选定到当前行的行尾。

5）按"Ctrl + A"组合键：选定整篇文档。

（3）鼠标和键盘配合选定文本

1）选定以句号为标记的一句：按住"Ctrl"键，鼠标在句中任意位置单击。

2）选定大块文本：先在开始处单击鼠标，按住"Shift"键，再在结尾处单击鼠标。

3）选定垂直的一块文本：按住"Alt"键，将鼠标拖过要选定的文档。

3. 编辑文档

（1）移动文档内容　移动操作就是将已输入的文档内容移动到一个新的位置。以文本内容为例，其操作步骤如下：

1）选取需要移动的文本内容。

2）单击"开始"选项卡中"剪贴板"选项组中的"剪切"按钮 ✂ 剪切 ；或在已选取的文本块上单击鼠标右键，在弹出的快捷菜单中选取"剪切"命令；或利用组合键"Ctrl + X"来实现剪切。

3）移动插入点至新的位置。

4）单击"剪贴板"选项组中的"粘贴"按钮 ▤ ；或利用组合键"Ctrl + V"来进行粘贴，即可将选取的内容移至新的位置，其余内容的位置会自动进行调整。

用剪切和粘贴的方法移动文本时，不仅可以在同一文档中进行，也可以在不同文档中进行，剪切内容后打开另一文档再粘贴就可以了。

另外，如果移动的内容不多、移动距离不远，可以采用鼠标拖拽的简便方法：选定文本，移动鼠标到选定的内容上，当鼠标指针形状变成左向空心箭头时，按住鼠标左键拖拽，此时箭头右下方出现一个虚线小方框，随着箭头的移动又会出现一条竖虚线，此虚线表明移动的位置，当虚线移到指定位置时，释放鼠标左键，完成文本的移动。

（2）复制文档内容　如果某段内容在文档的不同位置或不同文档中多次出现，不必重复输入，只要进行文档的复制就行了。以文本内容为例，其操作方法如下：

1）选取需要复制的文本内容。

2）单击"开始"选项卡中"剪贴板"选项组中的"复制"按钮 ▤ 复制 ；或者在右键快捷菜单中选"复制"命令；或利用组合键"Ctrl + C"来实现复制。

3）移动插入点到目标位置，也可以打开另一文档后再移动插入点。

4）单击选项卡中的"粘贴"按钮 ▤ ；或用右键快捷菜单中的"粘贴"命令；也可以用组合键"Ctrl + V"将选定的内容复制到新的位置，原位置的内容不变。

如果是近距离复制文本，在选定内容后，按住"Ctrl"键的同时拖拽鼠标左键至新位置放手即可。

复制或剪切操作会将内容先放置到剪贴板里，粘贴时是剪贴板里最后放置的内容。剪贴板是Windows系统专门在内存中开辟的一块存储区域，作为移动或复制的中转站。它功能强大，不仅可以保存文本信息，也可以保存图形、图像和表格等信息。在"开始"选项卡的"剪贴板"选项组中，单击右下角的小箭头按钮，会打开"剪贴板"，可以在这里选择最近的复制内容进行粘贴。Word 2016的"剪贴板"任务窗格可最多存储24个对象。

（3）删除文档内容　文字输入过程中，出现错别字需要删除时，使用键盘上的退格键"←"可以删除插入点左侧的字符；用"Delete"键删除插入点右侧的字符。

（4）撤销与恢复　进行文字输入和编辑排版的过程中，如果操作满意，可随时进行存盘操作。但如果操作不当，把不该删除的内容删除了，或者对某一设置不满意时，可以使用Word中的"撤销"功能。

当对最近一次操作不满意时，可单击"快速访问"工具栏上"撤销"按钮 ，Word会将最近一次所做的操作撤销。

如果想撤销前几次的操作，可连续单击"撤销"按钮，或单击"撤销"按钮旁的下拉箭头，会弹出下拉列表框中，在列表框中有用户之前所做操作，可单击选择欲撤销的操作，注意做此操作后被撤销操作之后用户的其他操作也将同时撤销。

如果对刚才所做撤销操作后悔了，用户还可单击标题栏上的"重复"按钮恢复操作。

（5）查找与替换　如果要在一篇文档中查找某些文字，或者想用新的文字代替文档中已有的且多处出现的特定文字，可以使用 Word 2016 提供的"查找"或"替换"功能，它是效率很高的编辑功能。

1）查找文本。查找文本的功能可帮助用户迅速找到指定的文本及其所在位置，操作步骤如下：

① 在"开始"选项卡中，选择"编辑"选项组中的"查找"命令。

② 文档左侧出现"导航"任务窗格，在"搜索文档"文本框中输入要查找的文本。

③ "导航"任务窗格的搜索结果就会出现，查找的文本以黄色突出显示。

2）替换文本。替换操作是将指定文本用另外的文本代替掉。在 Word 中替换操作还能完成批量删除相同内容和对指定内容批量替换格式的功能。操作步骤如下：

① 在 Word 2016 的"开始"选项卡中，选择"编辑"选项组中的"替换"命令。

② 会弹出"查找和替换"对话框，在"查找内容"文本框中输入要查找的文本，在"替换为"文本框中输入要替换的文本。

③ 单击"全部替换"按钮可以将文档中查找到的所有指定文本都替换掉，也可单击"替换"按钮依次逐个查找和替换，如图 3-14 所示。如果"替换为"文本框为空，则相当于删除查找的内容。

图 3-14　查找和替换

（6）检查拼写和语法　用户输入文本，难免会出现拼写或语法上的错误，如果自己检查，会花费大量的时间。Word 2016 提供了自动拼写和语法检查功能，开启该功能后，会在它认为有误的文本下加上红色或蓝色波浪线进行标记。

在"审阅"选项卡的"校对"选项组中选择"拼写和语法"命令，将在窗体右侧出现"语法"任务窗格，如图 3-15 所示，可以根据具体情况忽略或更改检查文本。

3.2.2　文档格式

输入文档后，接下来就要使文档美观漂亮，这就是对文档进行排版。在 Word 2016 中通过对文字、段落进行设置，能满足各种不同的排版需求。

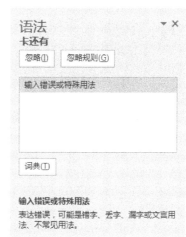

图 3-15　"语法"窗格

1. 文本格式设置

在 Word 2016 中，在功能区的"开始"选项卡中有"字体"选项组，如图 3-16 所示，在这里有常用的文本字体设置项。对文本进行格式设置前，要先选定要设置的文本对象。

图 3-16　"开始"选项卡的字体选项组

（1）改变字体　单击"字体"选项旁的下拉箭头，在展开的下拉列表中选择某一种字体，就可以改变所选文字的字体，如图 3-17 所示。Word 2016 的默认字体为"等线体"。

（2）改变字号　单击"字号"选项旁右侧的下拉箭头，在展开的下拉列表中选择某一种字号，可以改变所选文字的大小，如图 3-17 所示。

（3）改变字形　单击"加粗"按钮 **B**，所选文字会被加粗；单击"倾斜"按钮 *I*，可将所选文字倾斜。

（4）下划线　选中文字，单击"下划线"按钮 U ▾，可为所选文字添加下划线，单击"下划线"按钮旁边的下拉箭头可在展开的下拉列表中选择下划线线型、颜色等，如图 3-18 所示。

（5）字体颜色　选中文字后，单击"字体颜色"按钮**A**右边的下拉箭头，在下拉调色板中选择所需颜色，或单击"其他颜色"自定义颜色来改变所选文字的颜色，如图 3-19 所示。

在"字体"选项卡里还有许多常用的设置，如删除线、下标、上标、文本效果、增大字号、减小字号、更改大小写、清除格式、拼音指南、字符边框等。

若想进一步设置字体格式，也可通过"字体"对话框完成。"开始"选项卡中"字体"选项组的右下角的小箭头 ⌐ 是字体对话框启动器按钮，打开"字体"对话框。通过"字体"和"高级"两个选项卡，对选中文本进行更加详细的"字体"相关设置，如图 3-20 所示。

图 3-17　字体和字号

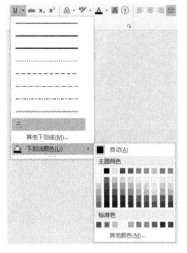

图 3-18　下划线线型和颜色

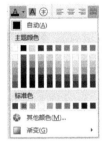

图 3-19　字体颜色

图 3-20　"字体"对话框的两个选项卡

2. 段落格式设置

　　段落由一些字符和其他对象，如图形、公式、图标等组成，段落结束处按"Enter"键产生段落标记（↵）。

　　段落常用的设置在功能区域的"开始"选项卡的"段落"选项组中，如图 3-21 所示。这里可以设置大部分常用的段落排版。

图 3-21　"开始"选项卡的"段落"选项组

若想进一步详细设置段落的格式，还可以通过"段落"对话框完成。单击"开始"选项卡中"段落"选项组的右下角"对话框启动器"按钮 ▫️，打开"段落"对话框。在这里可以对当前段落进行更加具体的"段落"相关设置，如图 3-22 所示。

（1）段落对齐方式　对齐文本可以使文档清晰易读。Word 2016 中的对齐方式有 5 种：左对齐 ≡、居中 ≡、右对齐 ≡、两端对齐 ≡ 和分散对齐 ≡。单击"段落"选项组中的相应按钮，可以设置当前段落的对齐方式。

（2）段落缩进　段落缩进指段落各行相对于页面左右边界的距离。Word 2016 提供了左缩进、右缩进、首行缩进和悬挂缩进 4 种方式。左、右缩进用来控制段落中每一行距离页面左、右边界的距离；首行缩进用来控制段落第一行首字符的开始位置，常见的中文段落一般首行缩进 2 个字符；悬挂缩进用来控制段落中除第一行外，其他行首字符的开始位置。

"开始"选项卡的"段落"选项组，有两个按钮："增加缩进量"按钮 ➡️≡ 和"减少缩进量"按钮 ⬅️≡，用来调整段落左缩进的程度。所有的段落缩进都可以在"段落"对话框中设置。

（3）行和段落间距　段落间距指当前段落与相邻的前后两个段落之间的距离，分别是段前间距和段后间距，加大段落间距可使文档显示清晰。

行距指段落里行与行之间的距离，有单倍行距、1.5 倍行距、2 倍行距、最小值、固定值和多倍行距等。可以在"段落"对话框中详细设置。

在"开始"选项卡的"段落"选项组中，单击"行和段落间距"按钮 ↕≡▾，在展开的下拉列表中，可以快捷设置段落的行距与段落间距，如图 3-23 所示。

在"开始"选项卡的"段落"选项组中还有许多关于段落格式的设置，如多级列表、底纹、边框等。

图 3-22　"段落"对话框

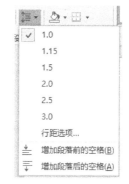

图 3-23　"行和段落间距"按钮

3.3 文档的其他格式设置

3.3.1 项目符号和编号

文档处理中，经常需要在段落前添加项目符号或编号，用来准确、清晰地表达某些内容之间的并列关系或顺序关系，以方便文档阅读。

选中要添加项目符号或编号的连续段落，设置后会自动以段落标记为条目生成项目或编号内容；或在某一段落添加项目符号或编号，之后每次段落结束按"Enter"键后，会自动增加下一条标记。

1. 项目符号

"开始"选项卡的"段落"选项组中有"项目符号"命令 ≣ ▾，可以为文档添加各种项目符号。直接单击"项目符号"，给段落添加默认的项目符号●。单击"项目符号"旁边的下拉箭头，可选择其他样式项目符号。若要进一步详细设置个性化的项目符号，可打开"定义新项目符号"对话框，如图3-24所示。

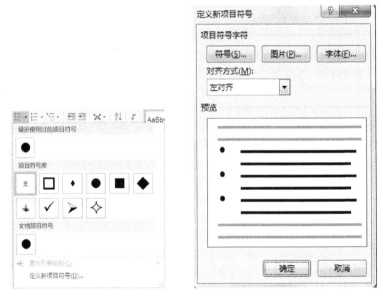

图3-24 "项目符号"按钮与"定义新项目符号"对话框

2. 编号

在"段落"选项组中，选择"编号"命令 ≣ ▾，可以为段落添加编号。单击"编号"右边的下拉箭头，可以设置各种编号样式。还可以选择打开"定义新编号格式"对话框做进一步设置，如图3-25所示。

3.3.2 边框和底纹

为文档添加边框和底纹可以起到强调和美观的作用。在"开始"选项卡的"段落"选项组有"底纹" ⬛ ▾和"边框" ⬛ ▾的命令按钮，可以快捷设置文档的底纹与边框。

图 3-25　"编号"按钮和"定义新编号格式"对话框

在 Word 功能区的"设计"选项卡中，有"页面背景"选项组，单击"页面边框"，将会打开"边框和底纹"对话框。这里有"边框""页面边框"和"底纹" 3 个选项卡，可以详细设置文档的底纹与边框。

1. 边框

给选定的段落或文字添加边框。可选择边框的类型、线型、颜色和宽度等。在右侧预览区域可预览设置效果。预览区周围有对应的不同位置边线，可以单击设置其中的某一条边。预览区下方有"应用于"不同对象的选择，注意设置边框后，在下拉列表中选择设置的边框应用于文字还是段落，如图 3-26 所示。

2. 页面边框

给当前节或整个文档添加边框。它的操作与"边框"选项卡相同，不同的是增加了"艺术型"下拉列表框，如图 3-27 所示。

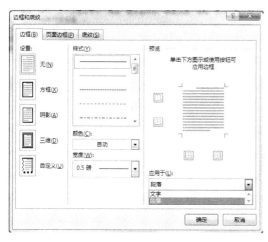

图 3-26　设置边框

图 3-27　设置页面边框

3. 底纹

给选定的段落或文字添加底纹。其中"填充"是指底纹的背景色；"样式"是指底纹的图案样式；"颜色"指底纹图案中点或线的颜色。底纹设置时同样要注意"应用于"的对象选择，如图3-28所示。

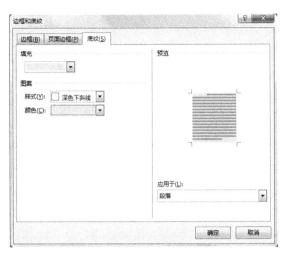

图3-28　设置底纹

3.3.3　页眉和页脚

文档排版打印时，通常会在每页的顶部或底部加入一些说明性信息，称为页眉和页脚。这些信息可以是文字、图形、图片、日期、页码等。

功能区的"插入"选项卡中，有"页眉和页脚"选项组。在这里可以设置页眉、页脚和页码，如图3-29所示。

单击"页眉和页脚"选项组中"页眉"按钮，展开的下拉列表中以图例的方式列出许多内置的页眉样式，可从中选择合适的页眉样式。插入页眉后，文档的每一页都会应用该页眉。

图3-29　"插入"选项卡中的
"页眉和页脚"选项组

插入页眉或页脚时，光标定位到当前设置的相应位置，处于页眉或页脚编辑状态，Word文档正文的文字呈灰色，处于不可编辑状态。此时功能区会出现页眉和页脚编辑工具："设计"上下文选项卡，如图3-30所示。在"设计"上下文选项卡中，可以对页眉和页脚进行详细具体的设置。例如：插入不同的对象、页眉页脚位置、设置页眉页脚的首页不同、奇偶页不同、页眉的位置等。

图3-30　页眉和页脚工具——"设计"上下文选项卡

通过单击"设计"上下文选项卡上"导航"选项组中的"转至页脚"按钮，会切换到页脚位置。页眉和页脚设置完成后，单击"设计"上下文选项卡上的"关闭页眉和页脚"按钮，会退出页眉页脚设置位置，恢复到文档正文操作状态。

3.3.4　首字下沉

在报纸、杂志上经常可看到一段文章的第一个字放大数倍，以引导阅读，这就是首字下沉的效果。

选中段落，或将光标定位于需要设置首字下沉效果的段落中，在功能区"插入"选项卡的"文本"选项组中,单击"首字下沉"按钮,可以在下拉列表中选择"下沉"或"悬挂"。如果单击"首字下沉选项..."命令,可以打开"首字下沉"对话框,在这里可以进行具体设置,如图 3-31 所示。

3.3.5 脚注、尾注和题注

1. 脚注与尾注

一般在文档或书籍中用脚注或尾注的方式显示引用资料的来源、补充性的信息或一些注释说明。

图 3-31 "首字下沉"按钮和"首字下沉"对话框

功能区的"引用"选项卡中有"脚注"选项组,单击"插入脚注"按钮,将在当前页面的底部或指定文字的下方添加脚注;单击"插入尾注"按钮,将在文档的结尾处或指定节的结尾处插入尾注,如图 3-32 所示。

用脚注和尾注添加的注释文本比正文文本字号略小以示区别。

2. 题注

长文档中的图片、表格、公式等内容需要用顺序的编号标识,例如本书的图号。可以通过插入题注的方式编辑。通过题注添加、移动或删除等操作非常方便,如果改变了某一个图的题注编号,文档中所有的题注编号都能自动更新,不需依次重新调整。

功能区的"引用"选项卡中的"题注"选项组中,单击"插入题注"按钮,将打开"题注"对话框。在对话框中可以设置题注的标签等,设置完成后单击"确定"按钮,即可在相应位置添加题注,如图 3-33 所示。

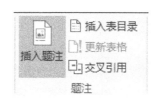

图 3-32 "脚注"选项组   图 3-33 插入题注

3.3.6 复制和清除格式

1. 格式刷

有时需要对文本内容使用同样的格式,利用"格式刷"可以快速地复制格式,提高效率。操作步骤是:

1）选中已设置好格式的文本或段落。

2）在"开始"选项卡的"剪贴板"选项组中，单击"格式刷"按钮 格式刷 。此时光标左边出现小刷子。

3）按下鼠标左键拖动，让带有小刷子的光标选择想要应用此格式的文本或段落。

如果同一格式要多次复制，可在第2）步操作时，双击"格式刷"按钮。若要退出多次复制格式的操作，可再次单击"格式刷"按钮，或按"Esc"键取消。

2. 清除格式

若要取消所有已设置的格式，只保留文本内容，让格式恢复到默认状态，可以使用"清除格式"命令。

先选定要清除格式的文本，单击功能区"开始"选项卡中"字体"选项组中的"清除所有格式"按钮 ，即可清除选中文本的格式。

3.3.7 应用样式与主题

1. 样式

样式是一组已经命名的文本或段落格式。用户可以选择某种样式直接应用到文档中的文本或段落，使文档被设置为这种定义好的格式。通过样式的应用，还可以快速为文本设置格式，避免重复性的格式设置操作。

在"开始"选项卡上的"样式"选项组中，单击样式列表右边的下拉箭头，可以展开"快速样式"库，鼠标指针指向某种样式，选中的文本就会自动预览该样式效果，鼠标指针移开文本会恢复为原来的样式，如图 3-34 所示。

图 3-34　"开始"选项卡的"样式"选项组

单击"样式"选项组中右下角的"对话框启动器"按钮，打开"样式"窗格，可以具体编辑其中的每种样式，也可以通过"新建样式""样式检查器"和"管理样式"等命令按钮进一步具体操作，如图 3-35 所示。

2. 主题

Word 2016 中的主题功能可以轻松快捷地设置协调一致、专业美观的文档。文档主题包含统一的设计元素，例如主题颜色、主题字体和主题效果等。

在功能区的"设计"选项卡中，单击"主题"选项组中的"主题"按钮，弹出的下拉列表中有系统内置的各种主题，用户可以预览并选择主题应用于文档，如图 3-36 所示。

在"设计"选项卡的"文档格式"选项组，可以对选择的主题，进一步详细设置和修改，如图 3-37 所示。

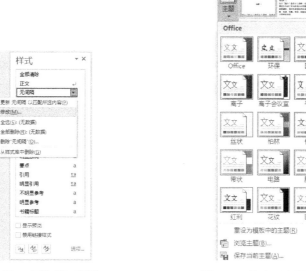

图 3-35 "样式"窗格　　　　图3-36 单击"主题"按钮展开列表

图 3-37 在"设计"选项卡的"文档格式"选项组编辑主题

3.4 表格的创建与编辑

表格的应用有很多，Word 对表格的制作提供了很好的支持，只需要通过简单操作就可实现表格的设计。

3.4.1 Word 表格的创建

1. 即时预览创建表格

将光标定位在文档中要插入表格的位置，在功能区"插入"选项卡的"表格"选项组中，单击"表格"按钮，弹出插入表格的下拉列表框，鼠标指针滑动指向表格，选出需要的行数和列数，单击鼠标即可将指定行列数目的表格插入文中，如图 3-38 所示。

此时，Word 功能区出现表格工具的上下文选项卡："设计"和"布局"。用户可以在"设计"上下文选项卡中的"表格样式"选项组中选择满意的表格样式，能快速完成表格的格式化操作，如图 3-39 和图 3-40 所示。

图 3-38 即时预览的方式创建表格

图 3-39　表格的"设计"上下文选项卡

图 3-40　表格的"布局"上下文选项卡

2. "插入表格"命令创建表格

在"插入"选项卡中的"表格"选项组中，单击"表格"按钮，在弹出的下拉列表中选择"插入表格…"命令，就会打开"插入表格"对话框。在对话框中填写列数与行数，在"自动调整"操作中根据需要选择调整，最后单击"确定"按钮，即可插入需要的表格，如图 3-41所示。

3. 绘制表格

如要创建更复杂的表格，可用手动绘制的方式。将光标定位在文档中要插入表格的位置，在功能区"插入"选项卡的"表格"选项组中，单击"表格"按钮，弹出插入表格的下拉列表框，选择"绘制表格"命令，鼠标指针就会变为铅笔状，用户可以根据需要用铅笔"画"出表格。

图 3-41　"插入表格"
命令创建表格

如要擦除某条边，可在"布局"上下文选项卡中，单击"绘图"选项组中的"橡皮擦"按钮，鼠标指针会变成橡皮状，单击要擦除的线条即可。

4. 快速表格

Word 2016 提供了一个"快速表格库"，是预先设计好格式的表格，用户可以直接选用以快速创建表格，减少工作量。

在 Word 功能区中的"插入"选项卡，单击"表格"选项组的"表格"按钮，在弹出的下拉列表中，选择"快速表格"命令，子菜单中可以预览各种表格样式，用户根据需要选择使用，可以快速地创建表格。

3.4.2　表格的编辑管理

1. 表格内容的输入

将光标定位在表格中要输入内容的单元格，可以输入文字也可以插入图片、图形、图表等内容。在单元格输入和编辑文字的操作与文档的文本段落一样，单元格的边界作为文档的边界，当输入内容达到单元格的右边界时，文本自动换行，行高也将自动调整。输入时，按"Tab"键使光标往下一个单元格移动，"按 Shift + Tab"组合键使光标往前一个单元格移动，也可以用鼠标直接单击所需的单元格。

2. 表格内容编辑

表格里的文字格式设置与正文中的完全一样，但文字在单元格里的位置大有讲究。每个单元格里的文字相对于该单元格的边框有水平方向和垂直方向两种基本位置，用户可以根据 Word 2016 提供的功能将其设置成满意的效果。

光标定位在表格后，在"布局"上下文选项卡的"对齐方式"选项组中提供了9种对齐方式，用户可以根据自己的需要选择其中一种对齐方式，如图 3-42 所示。

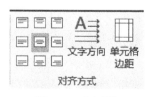

图 3-42　"布局"
上下文选项卡

3. 调整行高和列宽

在"布局"上下文选项卡的"单元格大小"选项组中，可以设置单元格的行高和列宽。输入需要的高度和宽度，将改变光标所在单元格的行高和列宽。也可选择"分布行"和"分布列"将表格内的各行和各列平均分布。"自动调整"中可以设置根据内容或窗口的宽度来调整表格，如图 3-43 所示。

4. 插入行或列

用户可以随时在表格增加新的行、列。光标定位在某单元格，在"布局"上下文选项卡中的"行和列"选项组里单击相应命令，可以在光标所在位置单元格的上、下、左或右插入新的行或列，如图 3-44 所示。

图 3-43　在"单元格大小"
选项组中设置行高和列宽

图 3-44　插入行或列

5. 删除行、列或单元格

有时也需要将不需要的行、列和单元格删除。在"布局"上下文选项卡中的"行和列"选项组，单击"删除"命令，在展开的下拉列表中选择相应的选项进行删除。

删除单元格的时候，会弹出"删除单元格"对话框，所选单元格删除后其余单元格如何调整，可在这个对话框中进行选择，如图 3-45 所示。

6. 合并和拆分单元格

Word 表格中很实用的功能，可将表格中相邻的多个单元格合并为一个单元格。

同时选中要合并的相邻单元格，在"布局"上下文选项卡中的"合并"选项

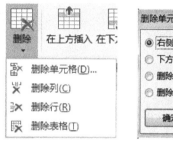

图 3-45　删除行、列或单元格

组，单击"合并单元格"命令，即可完成这几个单元格的合并。

若某单元格要拆分为多行多列，可以将光标定位在要拆分的单元格中，在"布局"上下文选项卡的"合并"选项组中，单击"拆分单元格"命令，将弹出"拆分单元格"对话框。在对话框中填写要拆分为几行几列，单击"确定"按钮完成拆分，如图 3-46 所示。

图 3-46 合并或拆分单元格

在 Word 表格中还有许多功能，与格式设计相关的设置一般在"设计"上下文选项卡中，与表格结构和布局相关的设置一般在"布局"上下文选项卡中。某些功能也可以在选中单元格对象后，单击鼠标右键，在弹出的右键快捷菜单中设置。

7. 表格的其他功能

在表格中有时也会涉及一些计算操作，如统计学生成绩的表格按总分排序，财务报表中统计当月的收支情况等。这些会用到表格的排序和统计功能。

（1）排序功能 利用 Word 表格的排序功能，得到一个经过排序的表格。操作步骤：

方法1：选中要排序的列，依次单击"开始"选项卡的"段落"组中的"排序"按钮，打开"排序"对话框。

方法2：选中文档中的表格，选中要排序的列，单击"布局"上下文选项卡中"数据"选项组的"排序"按钮，打开"排序"对话框，如图 3-47 所示；分别确定排序的关键字、关键字类型、排序方式；单击"确定"按钮，即可以实现对列中的数据排序。

图 3-47 "排序"按钮与"排序"对话框

（2）统计功能 Word 表格的统计功能，使用"公式"可实现对指定的行或列求和、求平均值、计数、取整等操作。利用统计功能，可以自动、快速、准确地计算大量数据，提高用户的工作效率。下面以求和为例介绍统计的操作步骤：

1）选定要存放求和结果的单元格（一般为数值行的右端或数值列的底部）。

2）单击"布局"上下文选项卡中"数据"选项组的 fx 公式 按钮，弹出"公式"对话框，如图 3-48 所示。

3）若选定的单元格位于某列的底部（即计算上面的数值），"公式"文本框将按"＝SUM（ABOVE）"计算；若选定的单元格位于某行的右端（即计算左边的数值），"公式"文本框将按"＝SUM（LEFT）"计算。

图 3-48　"公式"对话框

4）单击"确定"按钮，在选定的单元格出现求和后的结果。

若需进行求和外的其他统计功能，可在"公式"对话框的"粘贴函数"下拉列表框中选择所需的统计函数，此时函数在"公式"文本框中显示；在公式的括号中输入"LEFT"或"ABOVE"，确定要计算的是左边行的数值还是上面列的数值；在"编号格式"下拉列表框中选择数字的格式；最后单击"确定"按钮进行统计。

3.5　图文混排

在编辑 Word 文档过程中，图文混排是常见的一类操作，却具有十分重要的意义和作用，掌握图文混排技术也是 Word 操作必备的技能。合理的图文混排操作往往能使文档内容更丰富，表现更有特色，同时使人读起来更易于理解。

3.5.1　图片处理

Word 2016 不局限于对文字的处理，还能插入各种类型的图片、图形、公式和图表等。

1. 插入图片

将光标定位在文档中要插入图片的位置，然后在 Word 功能区的"插入"选项卡的"插图"选项组中单击"图片"按钮，如图 3-49 所示，打开"插入图片"对话框，在对话框中选择要插入的图片，单击"插入"按钮，就会将图片插入到文档中。

图 3-49　插入图片

2. 图片编辑

插入图片后，在 Word 功能区将出现图片编辑工具——"格式"上下文选项卡，在这里可以对图片进行编辑。

（1）图片样式　Word 2016 提供了许多设计好的图片样式，如图 3-50 所示。选中图片，在"格式"上下文选项卡中的"图片样式"选项组，单击"图片样式"旁的下拉箭头展开样式列表库，鼠标指向某个样式，选中的图片就会显示这种样式效果，选择满意的图片样式单击即可应用该样式。

此外，在"图片样式"选项组中，还有图片边框、图片效果和图片版式按钮，可以根据需要对图片进行设置。

（2）图片排列　在"格式"上下文选项卡中有个"排列"选项组，在这里可以对图片的排列方式进行设置，如图 3-51 所示。

图 3-50 选择图片样式

用户可以根据文档的布局，设定图片在页面中的位置。在"排列"选项组中，单击"位置"按钮，将展开下拉列表，可以选择图片放置在页面中相对于文字的不同位置，如图 3-52 所示。

图片排版可以让文字紧密环绕图片，或让文字在图片上下，也可以让图片浮于文字上方，或让图片衬于文字下方等，这种设置是图片环绕文字方式，决定了图片与文字之间的关系。在"排列"选项组中单击"环绕文字"按钮，展开的下拉列表中可以选择图片与周围文字的环绕方式，如图 3-53 所示。

在"排列"选项组中，还可以设置图片的旋转角度，多张图片的叠放次序，进行组合等操作。

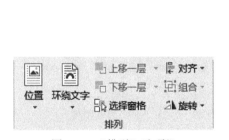

图 3-51 "排列"选项组

图 3-52 设置图片的位置

图 3-53 环绕文字方式

（3）图片大小　插入的图片，可以根据需要调整大小。在"格式"上下文选项卡的"大小"选项组中，可以输入图片的高度和宽度来定义图片大小。

如要对图片进行裁剪，单击"裁剪"按钮，图片的周围就会出现控制柄，拖动控制柄可以选择裁剪范围，如图 3-54 所示。

（4）其他效果　在图片的"格式"上下文选项卡中有一个"调整"选项组，在这里可以对图片进行许多效果加工。例如去除图片背景、压缩原始图片、改变图片的亮度、改变图片颜色、处理为艺术效果等，如图 3-55 所示。

3.5.2　联机图片

Word 2016 可以插入联机图片，通过连接互联网并在其中搜索从而帮助用户插入合适的图片。Word 的联机图片是在必应（bing）中搜索而来的图片，此功能取代了 Office 以前版本中的剪贴画功能。

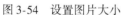

图 3-54 设置图片大小

图 3-55 "调整"选项组

在功能区域"插入"选项卡的"插图"选项组中，单击"联机图片"按钮，弹出"插入图片"对话框，在"必应图像搜索"文本框里输入要搜索的关键字，比如"人物"进行搜索，如图 3-56 所示。在搜索结果中选择需要的图片，单击"插入"按钮就会在文档中光标所在位置插入这幅图片，如图 3-57 所示。

插入联机图片后，也和插入本地图片一样，会在功能区出现"格式"上下文选项卡，可以同样方法在这里对联机图片进行操作。

3.5.3 绘制图形

利用 Word 2016，用户可以绘制丰富的"形状"，不仅可以绘制箭头、圆、矩形、线条等简单图形，还可以绘制流程图、旗帜等较复杂的图形，并能对绘制的图形添加文字、设置阴影和三维等效果。

在"插入"选项卡的"插图"选项组中，单击"形状"按钮，下拉列表中有丰富的形状，如图 3-58 所示。在这里单击需要的形状，鼠标形状会变为黑色的十字，在文档中按下鼠标拖动，即可绘制出该形状。此时，功能区出现绘图工具——"格式"上下文选项卡。该选项卡与图片的"格式"选项卡类似，在这里对插入的形状进行设置，如图 3-59 所示。

图 3-56 搜索联机图片

图 3-57 选择搜索结果插入文档

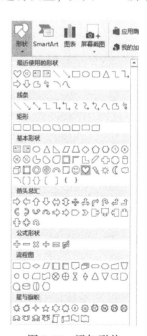

图 3-58 添加形状

图 3-59　形状的"格式"上下文选项卡

3.5.4　插入文本框

文本框是存放文本的容器，使用它可以方便地将文字放置到文档的任意位置。在"插入"选项卡的"文本"选项组，单击"文本框"按钮，会展开文本框的样式列表，选择要使用的样式，文档中就会插入文本框，键入文本，如图 3-60 所示。进一步的设置，可在"格式"上下文选项卡中进行。

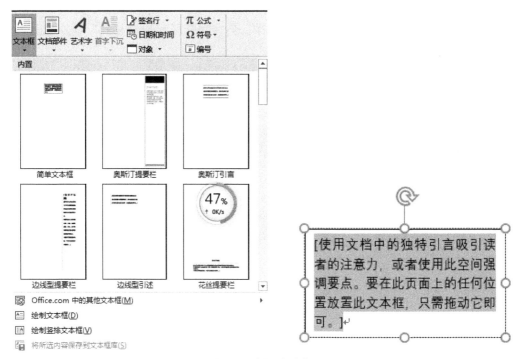

图 3-60　插入文本框

3.5.5　插入艺术字

在"插入"选项卡的"文本"选项组中，单击"艺术字"按钮，会展开艺术字列表，选择满意的艺术字样式插入文档。文档中出现艺术字框，键入文字，可在"格式"上下文选项卡中进一步设置，如图 3-61 所示。

3.5.6　插入图表

为使文档中的信息更直观、便于理解，经常需要把一些表格信息用图表的形式呈现出来。

在"插入"选项卡的"插图"选项组中，单击"图表"按钮会出现"插入图表"对话

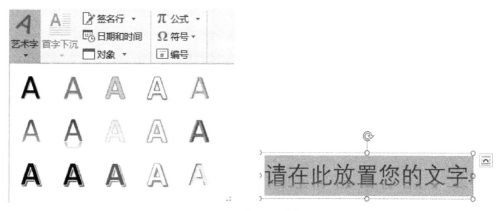

图 3-61 插入艺术字

框，这里有丰富的图表类型，包括柱形图、折线图、饼图、条形图等。选择需要的图表类型，单击"确定"按钮。此时文档中出现图表，并且调出 Excel 用于输入图表数据，如图 3-62 所示。

在功能区出现图表工具的"设计"和"格式"上下文选项卡，通过这两个选项卡，可以对图表进行详细的设置。

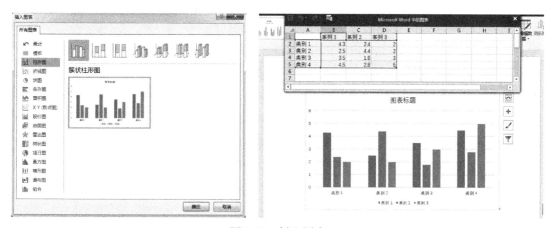

图 3-62 插入图表

3.5.7 创建公式

在 Word 中有时还需要处理数学公式。在 Word 2016 中插入公式，可以方便地制作具有专业水准的数学公式，产生的公式可以编辑操作，如图 3-63 所示。

在"插入"选项卡的"符号"选项组中，单击"公式"按钮下的下拉箭头，选择要输入的公式类型，文档光标处就会出现公式编辑框，键入公式内容。此时，会在 Word 2016 的功能区出现公式编辑工具——"设计"上下文选项卡，通过此选项卡可对公式进行结构编辑，输入各种公式用的数学符号等，如图 3-64 所示。

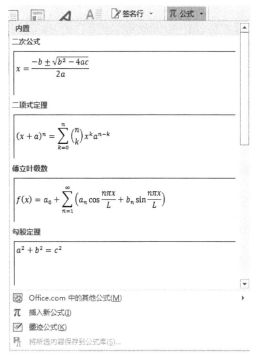

图 3-63　Word 公式编辑

图 3-64　公式编辑的"设计"上下文选项卡

3.6　打印输出

Word 2016 文档排版之后获得了令人满意的精美文档，但屏幕上看到的文档打印出来是否依然完美？不同大小的纸张，横版还是竖版打印，文档内容与纸张边距的控制等，这些还需要我们进一步设置。这就是文档的页面设置。

3.6.1　设置页边距

页边距用于设置文档内容与纸张四边的距离，决定在文本的边缘应保留多少空白区域。通常正文显示在页边距以内，包括脚注和尾注，而页眉和页脚显示在页边距上。页边距包括上边距、下边距、左边距和右边距。在设置页边距的同时，还可以设置装订线的位置或选择打印方向等。

在功能区域"布局"选项卡的"页面设置"选项组中，单击"页边距"按钮，在弹出的下拉列表中可以选择 Word 2016 已经定义好的普通、窄、适中、宽、镜像等页边距。我们也可以自行定义，单击"自定义边距"，打开"页面设置"对话框，在对话框的"页边距"选项卡中设置页边距的上、下、左、右 4 个页边距和装订线距离，如图 3-65 所示。

图 3-65　设置页边距

3.6.2　纸张方向

Word 2016 中，文档的纸张方向有两种：纵向和横向。可以在图 3-65 所示的"页面设置"对话框中选择"纸张方向"。更加快捷的操作是，直接在功能区域"布局"选项卡的"页面设置"选项组中，单击"纸张方向"按钮，在下拉列表中选择纸张方向为"纵向"或"横向"，如图 3-66 所示。

3.6.3　纸张大小

纸张大小是用来选择打印纸的大小，默认为 A4 纸。

在"布局"选项卡的"页面设置"选项组中，单击"纸张大小"按钮，展开的列表框中有各种规格的纸张大小，可根据要求选择使用。

图 3-66　设置
纸张方向

如果当前使用的纸张为特殊规格，可选择"其他纸张大小"，会打开"页面设置"对话框的"纸张"选项卡，可选择纸张大小，也可自己定义纸张的宽度和高度。单击"确定"按钮使纸张大小应用，如图 3-67 所示。

3.6.4　打印版式

版式用于设置页眉和页脚的特殊选项，如奇偶页不同、首页不同、距边界、页面的垂直对齐方式等。其设置在"页面设置"对话框的"版式"选项卡中，如图 3-68 所示。

图 3-67　设置纸张大小　　　　　　　　图 3-68　版式设置

3.6.5　稿纸设置

Word 文档创建中，默认文档是空白没有网格线的。如果需要像稿纸一样添加网格线，可以在"布局"选项卡的"稿纸"选项组中设置，单击"稿纸设置"按钮，打开"稿纸设置"对话框。选择网格的"格式"，如选择"行线式稿纸"，就会使文档成为行线式稿纸，可以自行定义行线式稿纸的行数与列数，如图 3-69 所示。

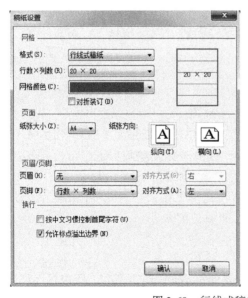

图 3-69　行线式稿纸设置与效果

3.6.6 打印预览和打印

文档编辑排版完成，需要打印在纸上。为了使打印一次成功，在打印前可以预览看看效果，满意后再用打印机打印。

在"文件"选项卡，单击"打印"命令，会在窗口显示打印设置和预览效果，在窗口右侧的预览效果就是文档打印在纸张上的效果，如图 3-70 所示。

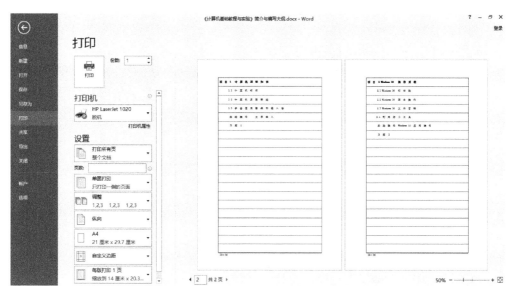

图 3-70 打印设置和打印预览

如果预览效果满意，就可以存盘或进行打印了；如果不满意，就要对版面再进行设置，调整后再次预览，直到满意为止。

预览满意后，在窗口左侧的打印设置区域确认打印信息。在这里可以设置打印相关的信息，如打印份数、打印机的选择、选择打印哪些页等信息。设置完成后单击"打印"按钮，即可从打印机输出文档。

实验操作 1 Word 文档基本操作

【实验目的】

1. 掌握 Word 2016 的基本操作。

2. 掌握 Word 2016 的字体设置。

3. 掌握 Word 2016 的段落设置。

4. 掌握 Word 2016 的各种常用排版方式。

【相关知识】

1. 熟悉 Word 2016 的各功能区与选项卡。

2. 熟悉 Word 文档的创建、打开与保存方法。保存文档注意三要素：保存位置、文件名和保存类型。

3. 熟练操作文档中的文本选择。

1）拖动鼠标选择。

2）选择一行（左侧单击）。

3）选择一段（左侧双击或在段中三击）。

4）不相邻文本（配合"Ctrl"键）。

5）垂直文本（配合"Alt"键）。

6）文档全选（左侧连击三次或按"Ctrl + A"组合键）。

7）选择连续文本（配合"Shift"键）。

8）选择单词（双击单词）。

9）选择句子（按"Ctrl"键单击句子）。

4. 熟练掌握剪切、复制与粘贴操作。可以减少重复输入，便于文档内容的调整和修改。

5. 熟练掌握"查找与替换"功能，不但可以快速查找或替换文档内容，而且还可以快速查找或替换指定格式的文档内容和特殊字符。在查找与替换时可以使用通配符。

6. 设置文本格式，包括：

1）字体设置。

2）字号设置。

3）字形设置（加粗、下划线、斜体、删除线、上下标、更改大小写等）。

4）文本效果设置（轮廓、阴影、映像、发光等）。

5）文本颜色设置。

6）字符间距设置。

7）通过"字体"对话框进行详细设置。

7. 设置段落格式，包括：

1）对齐方式（左对齐、居中、右对齐、两端对齐、分散对齐）。

2）段落缩进（左缩进、右缩进、首行缩进、悬挂缩进）。

3）行距设置。

4）段落间距。

8. 其他文本相关设置。

1）设置字符边框和底纹。

2）设置带圈字符。

3）设置拼音指南。

4）特殊符号的插入。

【实验内容】

打开文档"Word 基本操作素材 . docx"，按照题目要求对文档进行设置、排版，最终效果如图 3-71 所示。

题目要求：

1. 剪切粘贴：将文档中的"曹操"一行，作为文档的第二行。

2. 查找替换：将文档中所有的"望"替换为"观"。

3. 设置字体：将第一行和正文设置为隶书；第二行和最后两段设置为宋体。

4. 设置字号：将第一行的字号设置为二号；正文设置为三号；第二行及最后两段设置为小四。

5. 设置字体颜色：将第二行的字体颜色设置为"标准色 – 橙色"。

曹操

东临碣石，以观沧海。

水何澹澹，山岛竦峙。

树木丛生，百草丰茂。

秋风萧瑟，洪波涌起。

日月之行，若出其中；

星汉灿烂，若出其里。

幸甚至哉，歌以咏志。

注 澹澹：水波摇动的样子。

＊**简析** 《观沧海》是借景抒情，把眼前的海上景色和自己的雄心壮志很巧妙地融合在一起。从诗的体裁看，这是一首古体诗；从表达方式看，这是一首四言写景诗。"东临碣石，以观沧海"这两句话点明"观沧海"的位置：诗人登上碣石山顶，居高临海，视野寥廓，大海的壮阔景象尽收眼底。以下十句描写，概由此拓展而来。"观"字起到统领全篇的作用，体现了这首诗意境开阔，气势雄浑的特点。

图 3-71　实验 1 样文

6. 设置字形：为标题设置下划线（双下划线），并将下划线的颜色改为"标准色 – 绿色"；将"注""简析"设置为粗体。

7. 设置对齐方式：将第一行第二行设置为居中。

8. 设置字体效果：将第二行设置为外部阴影 – 向上偏移。

9. 设置字符间距：将"简析"的字符间距设置为加宽 1 磅。

10. 设置字符边框：为最后两段添加边框。

11. 设置带圈字符：为标题添加"圆形"增大圈号。

12. 设置拼音指南：为正文中的"竦"字加上拼音，并将拼音的字号设为 10 磅。

13. 设置段落缩进：将正文设置为左缩进 12 个字符。

14. 设置行（段）间距：设置第二行和最后一段的段前距为 0.5 行。

15. 插入符号：在"简析"前插入样文所示的符号。

16. 将排版后的文档另存为"Word 基本操作实验 . docx"。

【操作步骤】

1. 剪切粘贴：将文档中的"曹操"一行，作为文档的第二行。

具体操作方法：

1）单击"曹操"所在行的左侧选中该行。

2）在 Word 2016 功能区的"开始"选项卡中，单击"剪贴板"选项组中的"剪切"按钮（或使用组合键"Ctrl + X"），如图 3-72 所示。

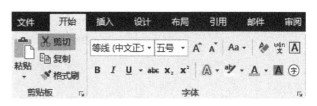

图 3-72　使用"开始"选项卡功能进行复制、剪切、粘贴操作

3）鼠标单击第一行标题"观沧海"之后，按"Enter"键使光标定位到标题的下一行。

4）单击"粘贴"按钮（或使用组合键"Ctrl + V"），将剪贴板的"曹操"二字粘贴到该行。

5）删除首行空行，此时，古诗标题为第一行，作者"曹操"为第二行。

2. 查找替换：将文档中所有的"望"替换为"观"。

具体操作方法：

1）在"开始"选项卡右侧的"编辑"选项组中，单击"替换"按钮，打开"查找和替换"对话框。

2）输入查找内容"望"和要替换的内容"观"。

3）单击"全部替换"按钮，完成查找替换操作，如图 3-73 所示。

图 3-73　查找和替换

3. 设置字体：将第一行和正文设置为隶书；第二行和最后两段设置为宋体。

具体操作方法：

选中要设置的文本，在"开始"选项卡中的"字体"选项组中，单击字体右边的下拉箭头，在字体列表中选择相应字体，如图 3-74 所示。以下用不同的选中文本方法选定文本来设置。

图 3-74　"字体"选项组

1）拖动鼠标选中文档的第一行文本，设置字体为"隶书"。

2）在第三行文本开始位置单击鼠标，使光标定位在此，按住键盘的"Shift"键不松手，鼠标指针移动到正文结束位置处单击鼠标，此时选中所有正文文本，释放键盘的

"Shift"键，设置字体为"隶书"。

3）鼠标指针移动到第二行文本左侧，鼠标指针形状变为白色空心右上方向的箭头时单击鼠标，选中该行文本，按住键盘的"Ctrl"键不松手，鼠标指针移动到最后两段位置，按住鼠标左键拖动鼠标选中两段文本，释放"Ctrl"键，此时同时选中了第二行和最后两段文本，设置字体为"宋体"。

4. 设置字号：将第一行的字号设置为二号；正文设置为三号；第二行及最后两段设置为小四。

具体操作方法：

选中要设置的文本，在"开始"选项卡的"字体"选项组中，单击字号右边的下拉箭头，在字号列表中选择相应字号。

1）选中文档的第一行文本，设置字号为"二号"。

2）选中正文部分文本，设置字号为"三号"。

3）选择第二行及最后两段文本，设置字号为"小四"。

5. 设置字体颜色：将第二行的字体颜色设置为"标准色–橙色"。

具体操作方法：

选中第二行文本，在"开始"选项卡的"字体"选项组中，找到"字体颜色"按钮，单击右侧黑色小倒三角的下拉箭头，打开"颜色"对话框，选择"标准色–橙色"，如图3-75所示。

6. 设置字形：为标题设置下划线（双下划线），并将下划线的颜色改为"标准色–绿色"；将"注""简析"设置为粗体。

具体操作方法：

1）先选中第一行标题。

2）在"开始"选项卡的"字体"选项组中，单击"下划线"按钮右侧的下拉小箭头，在线型列表中选择第二个双下划线。

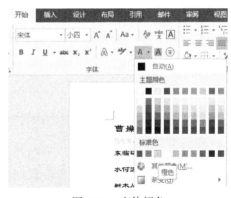

图 3-75　字体颜色

3）在下拉列表的下划线颜色中，选择"标准色–绿色"，如图3-76所示。

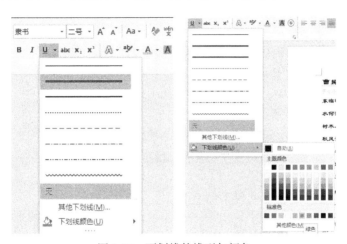

图 3-76　下划线的线型与颜色

4）选中文字"注"字，在"开始"选项卡的"字体"选项组中，单击"加粗"按钮，设置字体为粗体。

5）此时还是选中"注"字的状态，在"开始"选项卡的"剪贴板"选项组中，单击"格式刷"按钮，此时光标左边出现小刷子图形，选中"简析"二字，将刚才设置"注"字的格式复制过来。

7. 设置对齐方式：将第一行、第二行设置为居中。

具体操作方法：

同时选中文档的第一行和第二行文本，在"开始"选项卡的"段落"选项组中，单击"居中"按钮，将文本设置为居中，如图3-77所示。

8. 设置字体效果：将第二行设置为外部阴影 – 向上偏移。

具体操作方法：

1）选中第二行文本"曹操"。

2）在"开始"选项卡的"字体"选项组中，单击"文本效果和版式"按钮右侧的下拉小箭头，打开下拉列表。

3）在列表中选择"阴影"→"外部"→"向上偏移"，如图3-78所示。

图3-77 "段落"选项组

图3-78 文本的阴影效果设置

9. 设置字符间距：将"简析"的字符间距设置为加宽1磅。

具体操作方法：

1）选中"简析"二字。

2）单击"开始"选项卡的"字体"选项组中右下角的"字体"箭头，打开"字体"对话框。

3）在"字体"对话框中，单击"高级"选项卡，设置"字符间距"中的"间距"。

4）单击默认"标准"间距的下拉箭头，选择"加宽"，磅值设为"1磅"，如图3-79所示。设置完成单击"确定"按钮。

10. 设置字符边框：为最后两段添加边框。

具体操作方法：

1）选中最后两段。

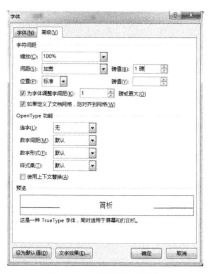

图3-79 设置字符间距

2）找到"设计"选项卡中的"页面背景"选项组，单击"页面边框"打开"边框和底纹"对话框。

3）单击对话框中的"边框"选项卡，选择"设置"→"方框"边框，注意右侧预览下方要选择应用于"段落"。

11. 设置带圈字符：为标题添加"圆形"增大圈号。

具体操作方法：

1）选择要添加带圈符号的标题文字，在"开始"选项卡的"字体"选项组中，单击"带圈字符"按钮(字)，打开"带圈字符"对话框。

2）参考样文效果，在对话框中选择样式为"增大圈号"，圈号选择"○"，单击"确定"按钮，如图 3-80 所示。

3）同样的方法将标题文字依次进行设置。

12. 设置拼音指南：为正文中的"竦"字加上拼音，并将拼音的字号设为 10 磅。

具体操作方法：

1）选中要设置的文字"竦"。

2）在"开始"选项卡的"字体"选项组中选择"拼音指南"按钮(文)，打开"拼音指南"对话框。

3）选中的文字已给出默认拼音，修改字号为"10"，单击"确定"按钮，如图 3-81 所示。

图 3-80　"带圈字符"对话框

图 3-81　"拼音指南"对话框

13. 设置段落缩进：将正文设置为左缩进 12 个字符。

具体操作方法：

1）选中古诗正文文本。

2）单击"开始"选项卡的"段落"选项组右下角的"段落"小箭头按钮，打开"段落"对话框。

3）在对话框的"缩进和间距"选项卡中，设置"缩进"→"左侧"为 12 字符，如图 3-82 所示。

4）单击"确定"按钮。

14. 设置行（段）间距：设置第二行和最后一段的段前距为 0.5 行。

具体操作方法：

1）同时选中第二行和最后一段文本。

2）单击"开始"选项卡的"段落"选项组中右下角的"段落"小箭头按钮 ，打开"段落"对话框。

3）在对话框的"缩进和间距"选项卡中，设置"间距"，段前为 0.5 行，如图 3-82 所示。

4）单击"确定"按钮。

15. 插入符号：在"简析"前插入样文所示的符号。

具体操作方法：

1）鼠标单击"简析"二字之前，将光标定位在此。

2）方法 1：按下"Shift"键的同时，按主键盘上排的数字"8"键，即可输入符号" * "。

方法 2：在"插入"选项卡的"符号"选项组中，单击"符号"按钮 Ω 符号▼，在下拉列表中选择"其他符号"，打开"符号"对话框，找到" * "符号并选中，单击"插入"按钮，如图 3-83 所示。

16. 将排版后的文档另存为"Word 基本操作实验.docx"。

具体操作方法：

单击"文件"选项卡的"另存为"命令，单击"浏览"按钮，在弹出的"另存为"对话框中选择路径，修改文件名为"Word 基本操作实验"，单击"保存"按钮即可。

图 3-82 "段落"对话框

图 3-83 插入"特殊字符"

实验操作 2 Word 表格制作

【实验目的】

1. 掌握 Word 表格的建立方法。

2. 掌握表格的编辑方法。

3. 掌握表格的格式设置方法。

4. 掌握表格的计算功能等。

【相关知识】

各种类型的文档中常使用表格。表格是由行与列相交形成的单元格组成，单元格是表格的基本单元，可以在单元格中填写文字和插入图片等，还可以嵌套表格。

创建表格的方法很多，可以利用"插入"选项卡的"表格"按钮快速插入表格；可以使用"插入表格"命令，在"插入表格"对话框中完成表格创建；可以使用"绘制表格"功能手动"画"出表格；还可以利用已有文本的转换方式间接创建表格。

创建表格后，插入点自动定位在首行首列的单元格内，此时可以向表格输入数据，Word 中的数据包括文字、数字、图片和嵌入表格等。数据的输入方式、编辑和格式设置方法均与普通文本的操作相同。

按"Tab"键可将插入点下移一个单元格，按"Shift + Tab"组合键可将插入点前移一个单元格，用鼠标单击某个单元格可将插入点定位到该单元格。

根据"先选定后操作"的原则，编辑表格之前，要先选定表格或表格的一部分，被选定的区域反白显示。

【实验内容】

创建 Word 文档"Word 表格操作实验 . docx"，在其中绘制表格如图 3-84 所示，并按照题目要求设置表格和文本，完成后样式效果如图 3-85 所示。

学号	姓名	C 语言	数据结构	线性代数	算法分析	总分
2021001	陈燕	89	98	95	65	
2021002	张博	87	56	87	88	
2021004	杨玉华	76	56	87	92	
2021003	乔斌	80	34	76	90	
2021005	陈争光	78	72	99	56	
2021006	王鹏	85	64	90	76	

图 3-84　实验 2 题目

题目要求：

1. 行（列）交换：将"2021004"一行与"2021003"一行互换。

2. 插入（删除）行（列）：删除"总分"一列，在最上方插入一空行，在"2021006"下方插入一空行并在第一个单元格输入"科目平均分"五个字。

3. 设置行高（列宽）：将"C 语言"至"算法分析"的列宽都设置为 2.5 厘米。

4. 合并单元格：按样文合并表格中相应的单元格，并输入样文内容。

5. 设置文本对齐方式：按样文设计文本及数据的对齐方式。

6. 设置文字方向：设置表中"科目平均分"单元格的文字方向。

7. 数据计算：计算出表格中每学科的平均分。

8. 设置边框：按样文设置相应的边框线。

【操作步骤】

1. 行（列）交换：将"2021004"一行与"2021003"一行互换。

具体操作方法：

1）鼠标指针指向"2021004"所在行的左侧单击，即可选中该行。

班级成绩统计					
学号	姓名	C 语言	数据结构	线性代数	算法分析
2021001	陈燕	89	98	95	65
2021002	张博	87	56	87	88
2021004	杨玉华	76	56	87	92
2021003	乔斌	80	34	76	90
2021005	陈争光	78	72	99	56
2021006	王鹏	85	64	90	76
科目平均分		82.5	63.33	89	77.83

图 3-85 Word 表格操作样文

2）按组合键"Ctrl + X"剪切该行。

3）鼠标单击"2021005"所在行的左侧，选中"2021005"行。

4）按组合键"Ctrl + V"进行粘贴，则将"2021004"一行粘贴插入到"2021005"上方一行。这样就完成了两行的交换。

2. 插入（删除）行（列）：删除"总分"一列，在最上方插入一空行，在"2021006"下方插入一空行并在第一个单元格输入"科目平均分"五个字。

具体操作方法：

1）将鼠标光标定位在"总分"一列的任意单元格。

2）在"布局"上下文选项卡中，单击"行和列"选项组中的"删除"按钮，在展开的"删除"选项中，选择"删除列"，如图 3-86 所示。

3）将鼠标光标定位在第一行的任一单元格，在"布局"上下文选项卡的"行和列"选项组中，单击"在上方插入"按钮，即可在第一行上方插入一个空行。

4）将鼠标光标定位在最后一行的最后一个单元格外侧，直接按"Enter"键，即可在光标所在行的下方插入一空行。

5）参考样文在最后一行第一个单元格输入"科目平均分"。

3. 设置行高（列宽）：将"C 语言"至"算法分析"的列宽都设置为 2.5 厘米。

具体操作方法：

1）拖动鼠标同时选中"C 语言"至"算法分析"单元格（即 3 ~ 6 列）。

2）在"布局"上下文选项卡的"单元格大小"选项组中，将"宽度"文本框中的数字修改为"2.5 厘米"，如图 3-87 所示。（也可单击选项组的右下角的小箭头，打开"表格属性"对话框设置。）

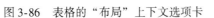

图 3-86 表格的"布局"上下文选项卡

图 3-87 在"单元格大小"选项组设置列宽

4. 合并单元格：按样文合并表格中相应的单元格，并输入样文内容。

具体操作方法：

1）根据样文所示位置，选中表格中第一行的所有单元格。

2）在"布局"上下文选项卡中，单击"合并"选项组的"合并单元格"按钮，实现单元格的合并，如图 3-88 所示。

3）在合并后的第一行内输入"班级成绩统计"。

4）同时选中最后一行的前两个单元格，单击鼠标右键，在弹出的右键快捷菜单中选择"合并单元格"命令，即可合并这两个单元格，如图 3-89 所示。

5）在合并后的单元格中输入"科目平均分"。

图 3-88 "合并"选项组

图 3-89 使用右键快捷菜单合并单元格

5. 设置文本对齐方式：按样文设计文本及数据的对齐方式。

具体操作方法：

1）观察样文，发现所有文本在单元格内都是水平和垂直方向均居中的。

2）单击表格左上角的全选柄田，选中整个表格（也可拖选表格内所有文本）。

3）在"布局"上下文选项卡中，单击"对齐方式"选项组的"中部居中"按钮，如图 3-90 所示。

6. 设置文字方向：设置表中"科目平均分"单元格的文字方向。

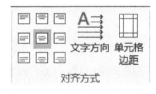

图 3-90 "对齐方式"选项组

具体操作方法：

1）选中"科目平均分"单元格，单击鼠标右键，弹出右键快捷菜单，打开"文字方向"对话框。

2）选择样文所示方向，单击"确定"按钮，如图 3-91 所示。

图 3-91 设置文字方向

7. 数据计算：计算出表格中每学科的平均分。

具体操作方法：

1）光标定位在"科目平均分"右侧的单元格，也就是要计算平均分的单元格。

2）在表格的"布局"上下文选项卡中，单击"数据"选项组的"公式"按钮，打开"公式"对话框。

3）在"粘贴函数"下拉列表中选择"AVERAGE"，修改"公式"文本框内的公式为"=AVERAGE（ABOVE)"，如图 3-92 所示。

4）单击"确定"按钮得到该科目平均分。

5）依次计算每个科目的平均分。

图 3-92　"公式"对话框

8. 设置边框：按样文设置相应的边框线。

具体操作方法：

观察整个表格，使用最多的是内部的虚线线框，另外需设置上下两条较粗的横边框，还需设置表格中第一行下方和最后一行上方的双线横框。首先清除已有框线，然后从样文中出现最多的虚线线框开始设置。以下所有框线都在表格的"设计"上下文选项卡的"边框"选项组中进行设置。

1）鼠标指针移动到表格左上角，单击全选柄田，选中整个表格。单击"边框"选项组中的"边框"按钮，展开的下拉列表中选择"无框线"，如图 3-93 所示。清除了原有框线。

班级成绩统计					
学号	姓名	C语言	数据结构	线性代数	算法分析
2021001	陈燕	89	98	95	65
2021002	张博	87	56	87	88
2021004	杨玉华	76	56	87	92
2021003	乔斌	80	34	76	90
2021005	陈争光	78	72	99	56
2021006	王鹏	85	64	90	76
科目平均分		82.5	63.33	89	77.83

图 3-93　清除原有框线

2）单击"边框"选项组的"笔样式"下拉列表按钮，在展开的下拉列表中选择第二个虚线。单击"边框"选项组的"边框"按钮，在展开的下拉列表中选择"内部框线"，将虚线应用到表格，如图 3-94 所示。

班级成绩统计					
学号	姓名	C 语言	数据结构	线性代数	算法分析
2021001	陈燕	89	98	95	65
2021002	张博	87	56	87	88
2021004	杨玉华	76	56	87	92
2021003	乔斌	80	34	90	90
2021005	陈争光	78	72	99	56
2021006	王鹏	85	64	90	76
获四比均分		82.5	63.33	89	77.83

图 3-94　添加内部框线

3）单击"笔样式"下拉列表按钮，在展开的下拉列表中选择第一个实线；单击"笔画粗细"下拉列表按钮，在展开的下拉列表中选择"1.5 磅"；单击"边框"按钮，在下拉列表中选择"上框线"；再次单击"边框"按钮，在下拉列表中选择"下框线"。此时给表格设置了最上边和最下边的两条粗横线外边框，如图 3-95 所示。

班级成绩统计					
学号	姓名	C 语言	数据结构	线性代数	算法分析
2021001	陈燕	89	98	95	65
2021002	张博	87	56	87	88
2021004	杨玉华	76	56	87	92
2021003	乔斌	80	34	90	90
2021005	陈争光	78	72	99	56
2021006	王鹏	85	64	90	76
获四比均分		82.5	63.33	89	77.83

图 3-95　设置表格的上下粗横边框

4）选中表格的第一行，单击"笔样式"下拉列表按钮，在下拉列表中选择第八个双实线；单击"边框"按钮，在下拉列表中选择"下框线"；选中表格最后一行，单击"边框"按钮，在下拉列表中选择"上框线"。此时给表格相应位置添加了两条双实线的边框，如图 3-96 所示。

	班级成绩统计				
学号	姓名	C语言	数据结构	线性代数	算法分析
2021001	陈燕	89	98	95	65
2021002	张博	87	56	87	88
2021004	杨玉华	76	56	87	92
2021003	乔斌	80	34	76	90
2021005	陈争光	78	72	99	56
2021006	王鹏	85	64	90	76
某四计各		82.5	63.33	89	77.83

图 3-96　为表格添加双实线边框

实验操作 3　Word 图文混排

【实验目的】

1. 掌握分栏及首字下沉的设置方法。
2. 掌握文本框、图片、艺术字的插入与设置方法。
3. 掌握页眉页脚的设置方法。
4. 掌握常用的页面设置方法。

【相关知识】

美化文档及排版主要包括设置首字下沉、添加项目符号和编号、添加文本边框和底纹、添加页面边框、分页、分栏、添加页眉和页脚等操作。

所谓图文混排，就是将图片与文本内容进行一定规律的排列，以让文档更加漂亮。

在实际处理文档过程中，用户往往需要在文档中插入一些图片或剪贴画来装饰文档，从而增强文档的视觉效果。Word 2016 提供了丰富的图片效果，如映像、发光、三维旋转等，使图片更加靓丽，用户还可以根据需要对文档中的图片进行裁剪和修饰。

Word 2016 提供的页面设置工具可以帮助用户轻松完成页边距、纸张大小、纸张方向、文字排列等诸多选项的设置工作。

Word 2016 还提供了特别的文本框编辑操作，它是一种可移动位置、可调整大小的文字或图形容器。使用文本框，可在一页上放置多个文字块内容，将文字放置在文档中需要的不同位置。

【实验内容及步骤】

打开 Word 文档"Word 图文混排素材 . docx"，按照题目要求设置文档，完成后文档另存为"Word 图文混排实验 . docx"。设置完成的样文如图 3-97 所示。

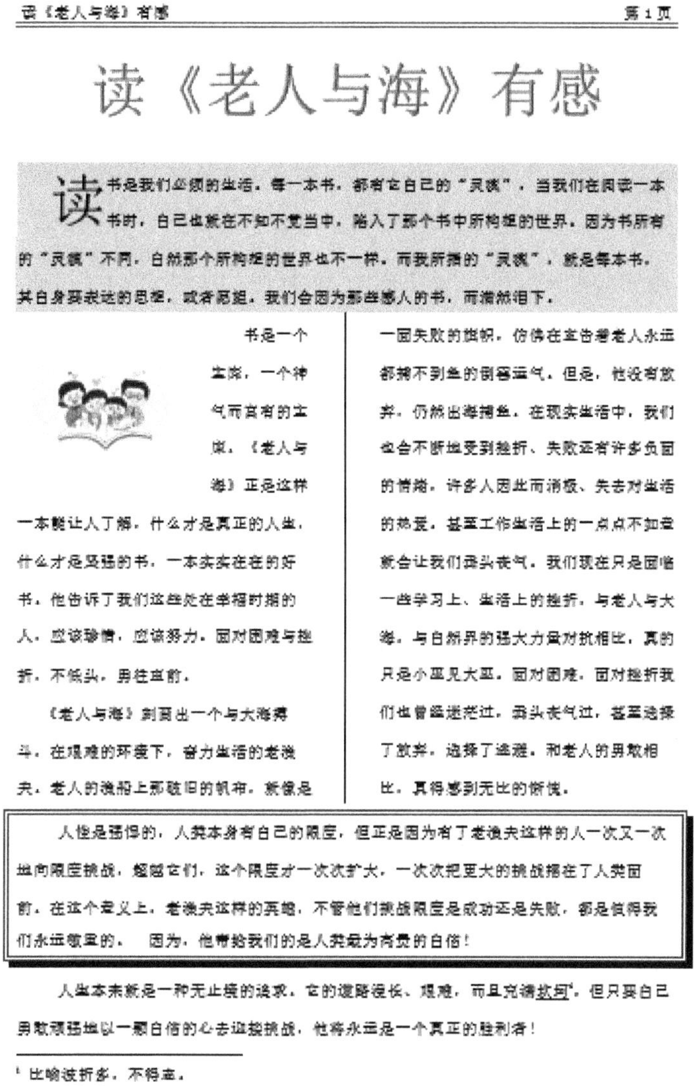

读《老人与海》有感

读书是我们必须的生活。每一本书，都有它自己的"灵魂"。当我们在阅读一本书时，自己也就在不知不觉当中，陷入了那个书中所构建的世界。因为书所有的"灵魂"不同，自然那个所构建的世界也不一样。而我所指的"灵魂"，就是每本书，其自身要表达的思想，或者思绪。我们会因为那些感人的书，而潸然泪下。

书是一个宝座，一个神气而高有的宝座。《老人与海》正是这样一本能让人了解，什么才是真正的人生，什么才是坚强的书，一本实实在在的好书。他告诉了我们这些处在幸福时期的人，应该珍惜，应该努力。面对困难与挫折，不低头，勇往直前。

《老人与海》刻画出一个与大海搏斗，在艰难的环境下，奋力生活的老渔夫。老人的渔船上那破旧的帆布，就像是

一面失败的旗帜，仿佛在宣告着老人永远都捕不到鱼的倒霉运气。但是，他没有放弃，仍然出海捕鱼。在现实生活中，我们也会不断地受到挫折、失败还有许多负面的情绪。许多人因此而消极、失去对生活的热爱。甚至工作生活上的一点点不如意就会让我们垂头丧气。我们现在只是面临一些学习上、生活上的挫折，与老人与大海、与自然界的强大力量对抗相比，真的只是小巫见大巫。面对困难，面对挫折我们也曾经迷茫过，垂头丧气过，甚至选择了放弃，选择了逃避。和老人的勇敢相比，真得感到无比的惭愧。

人性是强悍的，人类本身有自己的限度，但正是因为有了老渔夫这样的人一次又一次地向限度挑战，超越它们，这个限度才一次次扩大，一次次把更大的挑战摆在了人类面前。在这个意义上，老渔夫这样的英雄，不管他们挑战限度是成功还是失败，都是值得我们永远敬重的。　因为，他带给我们的是人类最为高贵的自信！

人生本来就是一种无止境的追求。它的道路漫长、艰难，而且充满挫折[1]。但只要自己勇敢顽强地以一颗自信的心去迎接挑战，他将永远是一个真正的胜利者！

——————————
[1] 比喻波折多，不得意。

图 3-97　实验 3 样文

题目要求：

1. 设置页面：将页面的大小自定义为宽度 21 厘米，高度 29 厘米，页边距上、下 2.5 厘米，左、右 3.1 厘米。

2. 设置艺术字：将标题"读《老人与海》有感"设置为艺术字；艺术字样式选第 2 行第 5 列；字体设置为宋体，字号为 36；艺术字形状设置为倒 V 形；阴影样式选外部右下斜偏移；按样文调整艺术字的位置。

3. 设置首字下沉：将第一段"读"字设置"首字下沉"2 行。

4. 设置分栏格式：将正文第 2 ~ 3 段设置为两栏格式，第一栏宽为 18 个字符，两栏之间添加分隔线。

5. 设置边框（底纹）：设置正文第 1 段底纹为图案样式 15%；设置正文第 4 段的边框，线条色为"标准色 – 深红"，加阴影，线型如样文所示。

6. 插入图文框：在样文所示的位置插入一个高度为 3 厘米，宽度为 4 厘米的文本框。

7. 插入图片：在文本框中插入图片，图片为 "book. jpg"，并适当调整图片。

8. 插入脚注和尾注：为正文最后一段的 "坎坷" 两字加下划线，并添加尾注 "比喻波折多，不得志。"。

9. 设置页眉/页码：按样文添加页眉文字、插入页码，并按样文修改页眉下方的线条样式。

操作步骤：

1. 设置页面：将页面的大小自定义为宽度 21 厘米，高度 29 厘米，页边距上、下 2.5 厘米，左、右 3.1 厘米。

具体操作方法：

1）在 Word 2016 功能区的 "布局" 选项卡中，单击 "页面设置" 选项组的 "纸张大小" 按钮，在弹出的下拉列表中选择 "其他纸张大小"。

2）在 "页面设置" 对话框的 "纸张" 选项卡中设置，输入宽度 21 厘米，高度 29 厘米。

3）再切换到 "页面设置" 对话框的 "页边距" 选项卡，设置相应的页边距，上、下、左、右文本框分别输入 2.5 厘米、2.5 厘米、3.1 厘米、3.1 厘米，如图 3-98 所示。

4）单击 "确定" 按钮，完成纸张大小与页边距的设置。

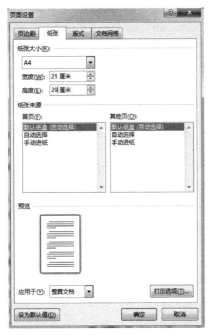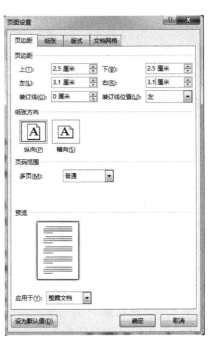

图 3-98　自定义纸张大小与页边距

2. 设置艺术字：将标题 "读《老人与海》有感" 设置为艺术字；艺术字样式选第 2 行第 5 列；字体设置为宋体，字号为 36；艺术字形状设置为倒 V 形；阴影样式选外部右下斜偏移；按样文调整艺术字的位置。

具体操作方法：

1）选中标题 "读《老人与海》有感" 文字，在 "插入" 功能选项卡中，单击 "文本"

选项组的"艺术字"按钮，在下拉样式中选择第 2 行第 5 列的艺术字样式，如图 3-99 所示。

2）在"开始"选项卡中，设置艺术字的字体为"宋体"，字号为"36"。

3）在"格式"上下文选项卡的"艺术字样式"选项组中，选择"文本效果"→"转换"→"弯曲"中的"倒 V 形"形状效果，如图 3-99 所示。

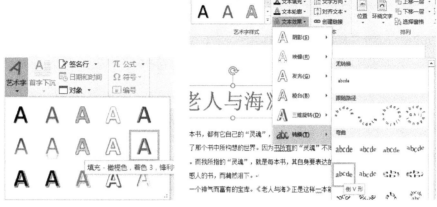

图 3-99　插入艺术字并设置形状为"倒 V 形"

4）在"格式"上下文选项卡的"艺术字样式"选项组中，选择"文本效果"→"阴影"→"外部"中的"右下斜偏移"阴影效果，如图 3-100 所示。

5）参考样文效果，拖动艺术字到相应位置。

3. 设置首字下沉：将第一段"读"字设置"首字下沉"2 行。

具体操作方法：

1）在"插入"功能选项卡中，单击"文本"选项组的"首字下沉"按钮，单击"首字下沉选项"打开"首字下沉"对话框。

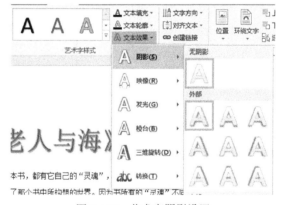

图 3-100　艺术字阴影设置

2）在对话框中选择位置为"下沉"，下沉行数修改为"2"，如图 3-101 所示。

3）单击"确定"按钮完成首字下沉设置。

4. 设置分栏格式：将正文第 2～3 段设置为两栏格式，第一栏宽为 18 个字符，两栏之间添加分隔线。

具体操作方法：

1）选中第 2～3 段文本内容。

2）在"布局"功能选项卡中，单击"页面设置"选项组中的"分栏"按钮，单击"更多分栏..."打开"分栏"对话框。

3）选择预设"两栏"，修改"宽度和间距"组中，栏 1：宽度为"18 字符"，勾选对话框右侧的"分隔线"复选框，如图 3-102 所示，单击"确定"按钮完成分栏。

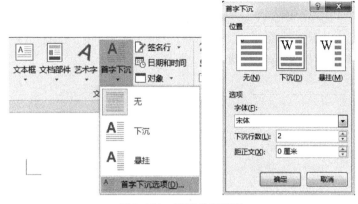

图 3-101　设置首字下沉

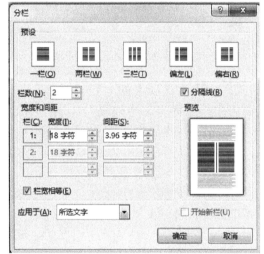

图 3-102　设置分栏

5. 设置边框（底纹）：设置正文第 1 段底纹为图案样式 15%；设置正文第 4 段的边框，线条色为"标准色－深红"，加阴影，线型如样文所示。

具体操作方法：

1）选中正文第 1 段，在"设计"功能选项卡中，单击"页面背景"选项组中的"页面边框"按钮，打开"边框和底纹"对话框，切换到"底纹"选项卡。设置"图案"样式为"15%"，如图 3-103 所示。

2）选中正文第 4 段，在"设计"功能选项卡中，单击"页面背景"选项组中的"页面边框"按钮，打开"边框和底纹"对话框，切换到"边框"选项卡。选择边框类型为"阴影"，样式为"双线"，颜色为"标准色－深红"，注意边框要应用于"段落"，如图 3-104 所示。

3）单击"确定"按钮完成底纹与边框的设置。

6. 插入图文框：在样文所示的位置插入一个高度为 3 厘米，宽度为 4 厘米的文本框。

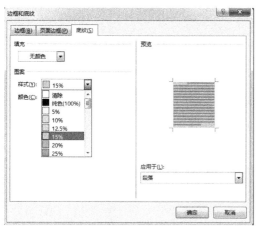

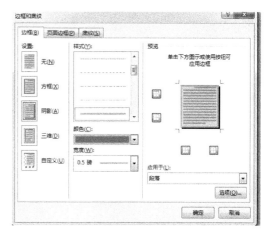

图 3-103　设置段落底纹　　　　　　　　　图 3-104　设置段落边框

具体操作方法：

1）在"插入"功能选项卡中，单击"文本"选项组中的"文本框"按钮，插入一个简单文本框，在"格式"上下文选项卡中的"大小"选项组中修改文本框大小，高度为 3 厘米，宽度为 4 厘米，如图 3-105 所示。

2）在"形状样式"选项组中设置"形状轮廓"为"无轮廓"，如图 3-106 所示。

3）在"排列"选项组中设置文本框，单击"位置"→"文字环绕"→"中间居左"，如图 3-107 所示。

4）拖动文本框到样文所示的位置。

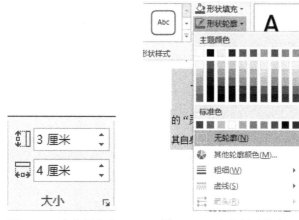

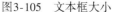

图 3-105　文本框大小　　　图 3-106　文本框无轮廓　　　图 3-107　文本框位置

7. 插入图片：在文本框中插入图片，图片为"book. jpg"，并适当调整图片。

具体操作方法：

1）光标定位在文本框中，单击"插入"功能选项卡的"插图"选项组中的"图片"。

2）打开"插入图片"对话框，将素材图片"book. jpg"插入文本框即可。

8. 插入脚注和尾注：为正文最后一段的"坎坷"两字加下划线，并添加尾注"比喻波折多，不得志。"。

具体操作方法：

1）选中"坎坷"两字，单击"开始"选项卡→"字体"选项组→"下划线"按钮，添加下划线。

2）在"引用"功能选项卡，单击"脚注"选项组中的"插入尾注"按钮，如图 3-108 所示，在光标提示位置输入"比喻波折多，不得志。"的尾注内容。

图 3-108 "脚注"
选项组

9. 设置页眉/页码：按样文添加页眉文字、插入页码，并按样文修改页眉下方的线条样式。

具体操作方法：

1）双击页眉区域，进入页眉页脚的编辑状态。根据样图输入文字"读《老人与海》有感"。

2）按两次"Tab"键，光标定位在页眉右侧，在"设计"上下文选项卡中，单击"页码"→"当前位置"→"简单"→"普通数字"，然后在自动添加的页码左右分别补充上"第"和"页"字。完成页眉文字的设置。

3）按"Ctrl + A"组合键全选页眉部分，在"开始"功能选项卡的"段落"选项组中，单击"边框"按钮旁的下拉箭头，选择"边框和底纹…"命令，打开"边框和底纹"对话框。

4）在对话框中的"边框"选项卡中，选择线条样式为"双线"，颜色为"标准色－红色"，在预览区域左侧和下方有 4 个按钮，分别是上、下、左、右四个边线的按钮，单击它们进行设置，使得只有下框线即可（可预览到效果），如图 3-109 所示。

5）单击"确定"按钮完成页眉下线条的设置。

图 3-109 设置页眉下方的线条样式

6）完成了页眉的所有设置，单击"设计"上下文选项卡中的"关闭页眉和页脚"按钮，回到文档编辑区。

将文档另存为"Word 图文混排实验 . docx"。

习　题　3

【选择题】

1. 段落的标记是在输入（或按）（　　　）之后产生的。

A. 句号 　　　　　　　　　　　　　　　　B. "Enter" 键

C. "Shift + Enter" 组合键 　　　　　　　　D. 分页符

2. 在 Word 2016 编辑状态下，当前输入的文字显示在（　　　）。

A. 鼠标指针处 　　　　　　　　　　　　　B. 光标插入点

C. 文件尾部 　　　　　　　　　　　　　　D. 当前行尾部

3. Word 2016 文档文件的默认扩展名是（　　　）。

A. . txt 　　　　　　B. . docx 　　　　　　C. . wps 　　　　　　D. . rar

4. Word 2016 提供了几种显示文档的方式，所见即所得显示效果的方式是（　　　）。

A. 阅读视图 　　　　　　　　　　　　　　B. 页面视图

C. 大纲视图 　　　　　　　　　　　　　　D. 草稿视图

5. 在 Word 2016 中，想用新名字保存文件应（　　　）。

A. 单击 "文件" 选项卡→ "另存为" 命令 　　B. 单击 "文件" 选项卡→ "保存" 命令

C. 单击快速访问工具栏的 "保存" 按钮 　　　D. 复制文件到新命名的文件中

6. 在 "剪贴板" 选项组中，"粘贴" 命令呈现灰色则（　　　）。

A. 说明剪贴板中没有内容

B. 因特殊原因，该 "粘贴" 命令不能被使用

C. 只有执行 "复制" 命令后，该 "粘贴" 命令才能被使用

D. 只有执行 "剪贴" 命令后，该 "粘贴" 命令才可被使用

7. 下列方法中，不能设定字体的是（　　　）。

A. "文件" 选项卡→ "字体" 选项组→在字体下拉列表选择

B. "文件" 选项卡→ "字体" 选项组→单击右下角小箭头打开 "字体" 对话框

C. 右击鼠标，选择快捷菜单中的 "字体" 命令

D. 右击鼠标，选择快捷菜单中的 "段落" 命令

8. 删除一个段落标记后，前后两段文本将合并成一个段落，原段落内容采用的编排格式是（　　　）。

A. 删除前的标记正确的格式 　　　　　　　B. 原文后一段落的格式

C. 格式没有变化 　　　　　　　　　　　　D. 与后一段落格式无关

9. 选中一段文字后，工具栏上的字号显示为四号字，说明（　　　）。

A. 选中文字其字号为四号 　　　　　　　　B. Word 默认的字号为四号

C. 要将选中的文字设置为四号 　　　　　　D. 后面要输入的文字为四号

10. 在 Word 2016 编辑区，单击（　　　）功能组中的 "项目符号" 按钮，可为选择的段落加上默认的项目符号。

A. 字体 　　　　　　B. 段落 　　　　　　C. 样式 　　　　　　D. 剪贴板

11. Word 2016 具有分栏功能，下列关于分栏的说法中，正确的是（　　　）。

A. 最多可以设 4 栏 　　　　　　　　　　　B. 各栏的宽度必须相同

C. 各栏的宽度可以不同　　　　　　　　　D. 各栏之间的间距是固定的

12. 下列关于 Word 2016 的叙述错误的是（　　　）。

A. 在 Word 2016 中，默认情况下整篇文档为一个节

B. 可以对一篇文档设定多个节

C. 不能对不同的节设定不同的页码

D. 不同的节可以设置不同的页眉页脚

13. 在 Word 2016 中，使用标尺可以直接设置各种缩进，标尺顶部的三角标记代表（　　　）。

A. 左端缩进　　　　　　B. 右端缩进　　　　　　C. 首行缩进　　　　　　D. 悬挂式缩进

14. 在 Word 中，对于页眉页脚的设置，下列叙述错误的是（　　　）。

A. 允许为文档的第一页设置不同的页眉页脚

B. 文档内容和页眉页脚可在同一窗口编辑

C. 允许为偶数页和奇数页设置不同的页眉页脚

D. 不允许页眉和页脚的内容超出页边距范围

15. 在 Word 中，关于页码叙述错误的是（　　　）。

A. 对文档设置页码时，可以对第一页不设置页码

B. 文档的不同节可以设置不同的页码

C. 删除某页的页码，将自动删除该页所在节的所有页码

D. 只有文档为一节时，才能设置页码

16. 在打印窗格，页码范围是"2 – 6，8"，表示打印的是（　　　）。

A. 第 2 页，第 6 页，第 8 页　　　　　　　B. 第 2 页至第 6 页，第 8 页

C. 第 2 页，第 6 页至第 8 页　　　　　　　D. 第 2 页至第 8 页

17. 在 Word 2016 大纲视图下，有时会看到一些横穿窗口编辑区域的点画线，这些点画线称为（　　　）。

A. 分节符　　　　　　B. 下划线　　　　　　C. 分栏符　　　　　　D. 标尺

18. 当光标定位在 Word 表格（四行四列）的第三行最后一个单元格中时，按"Tab"键，则光标将（　　　）。

A. 移动到上一行的左边单元格　　　　　　B. 移动到下一行的左边单元格

C. 移动到上一行的右边单元格　　　　　　D. 移动到下一行的右边单元格

19. 在 Word 2016 中，不能选中整个表格的操作的是（　　　）。

A. 用鼠标拖动

B. 单击表格左上角的表格移动手柄

C. 双击表格某一行

D. "布局"上下文选项卡→"表"选项组→"选择"→"选择表格"命令

20. 要为长文档插入目录，操作位于（　　　）选项卡→"目录"选项组→目录。

A. 引用　　　　　　B. 设计　　　　　　C. 布局　　　　　　D. 视图

【填空题】

1. Word 中有插入和改写两种编辑状态，按_____键可以切换这两种编辑状态。

2. Word 编辑状态中，使插入点快速移动到文档首部的组合键是_____，移动到文档尾部的组合键是_____。

3. Word 中的_____和_____命令，可将选定区域的内容存放到剪贴板中。

4. 当鼠标指针在文档中时，连续三次单击鼠标可以选定_____，当鼠标指针指向文档左侧的空白处时，连续三次单击鼠标可以选定_____。

5. 在段落的缩进格式中，特殊格式有_____和_____两种。

6. 使用剪贴板选项组的_____按钮，可以将文字或段落的排版格式复制给另一文字或段落。

7. 在 Word 中，选择文本，单击_____选项卡→_____选项组→"字数统计"命令，可以统计出所选文字的页数、字数、字符数等。

8. Word 编辑状态中，组合键_____可以选定整个文本。用鼠标拖动时按住_____键，可以选定矩形文本块。

9. 首字下沉有_____和_____两种方式。

10. 在 Word 编辑中，单击"布局"选项卡→_____选项组→_____命令，可修改文字方向。

【判断题】

（   ）1. Word 中可以查找任意长度的字符。

（   ）2. 在编辑过程中发生误操作，只能撤销误操作一次。

（   ）3. 按"Delete"键可删除插入点右边的一个字符，按"Backspace"键可删除插入点左边的一个字符。

（   ）4. Word 中，功能区可以显示也可以隐藏。

（   ）5. 双击格式刷，可多次应用复制格式，取消格式刷可以按"Esc"键。

（   ）6. Word 中字符的颜色默认是黑色。

（   ）7. 对字符间距进行缩放，若缩放比例大于100%，则字形会变竖长。

（   ）8. 文字效果的设置内容包括轮廓、阴影、映像、发光等。

（   ）9. 在打印预览时不可以进行文字输入，但可以改变页边距。

（   ）10. 对于一个多页 Word 文档，每次打印只能按页码升序进行打印。

（   ）11. 边框和底纹可以应用到选定的文字或选定文字的段落。

（   ）12. 在对文本进行分栏操作时，不能改变栏宽。

（   ）13. 表格里单元格中的文本只能横排，不能纵排。

（   ）14. 可以通过拖动表格横线和竖线的方法，调整行高和列宽。

（   ）15. Word 的显示比例是可以改变的。

【简答题】

1. 如何为文档设置密码？

2. 分节符包含哪几种类型？

3. 如何合并和拆分表格中的单元格？

4. 图片的环绕方式有哪些？

项目4

数据处理软件——Excel 2016

【项目导读】

Excel 是微软旗下 Office 系列办公软件中的一员，是一款专业的电子表格处理软件。可以用来制作电子表格、完成复杂的数据运算、进行数据的分析和预测，并且具有强大的制作图表的功能。这款数据处理软件对于办公人员来说是必备软件，随着大数据时代的发展，Excel 也在不断进步，Excel 2016 强化了数据分析功能，实现跨平台应用，而且更加适应移动化办公。让我们掌握好 Excel 2016，它对我们的工作或学习将起到事半功倍的效果。

【学习目标】

1. Microsoft Excel 2016 的基本操作。
2. 工作表的格式设置。
3. 公式与函数的使用。
4. 工作表的数据管理。
5. 图表编辑。
6. 工作表的页面设置与打印。

4.1 Microsoft Excel 2016 使用初步

4.1.1 Excel 2016 工作界面

启动 Microsoft Excel 2016，打开 Microsoft Excel 2016 的工作界面，主要由标题栏、快速访问工具栏、控制按钮栏、功能区、名称框、编辑栏、工作区、状态栏组成，如图 4-1 所示。

1. 标题栏

Microsoft Excel 2016 的"标题栏"位于界面的最顶部，"标题栏"包含快速访问工具栏、当前工作簿的名称、控制按钮栏，如图 4-2 所示。

（1）快速访问工具栏　快速访问工具栏是一个可自定义的工具栏，为方便用户快速执行常用命令，可将功能区上选项卡中的一个或几个命令在此区域独立显示，以减少在功能区查找命令的时间，提高工作效率。

如需自定义快速访问工具栏，可单击其右侧的下拉"箭头"按钮，在弹出的下拉列表中选中需要的常用命令添加到快速访问工具栏中，如图 4-3 所示。如所显示的命令中找不到需要定义的命令，可以单击"其他命令"，打开"Excel 选项"对话框，在"自定义快速访问工具栏"窗口，可以添加或取消快速访问工具，如图 4-4 所示。

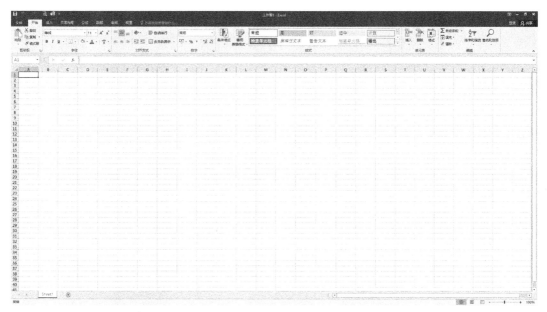

图 4-1　Excel 2016 工作界面

图 4-2　标题栏

图 4-3　快速访问工具栏

图 4-4　自定义快速访问工具栏

（2）控制按钮栏　标题栏右侧是用于控制 Microsoft Excel 2016 窗口的控制按钮栏，主要包括窗口的"功能区显示选项""最小化""向下还原/最大化"和"关闭"按钮。在标题栏的其他位置右键单击同样会弹出这个菜单，如图 4-5 所示。

2. 功能区

功能区位于标题栏的下方，默认由 8 个功能选项卡组成。每个选项卡分为多个选项组，每个组中有多个命令。

1）"文件"选项卡：主要包括信息、新建、打开、保存、另存为、打印、共享、导出、发布、关闭、账户、选项等12个常用命令，如图4-6所示。

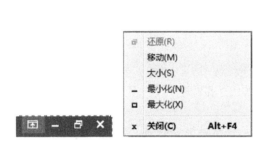

图4-5 窗口的控制菜单　　　　　　　　　图4-6 "文件"选项卡

2）"开始"选项卡：主要包括剪贴板、字体、对齐方式、数字、样式、单元格、编辑7个选项组，每个组中包含若干个相关命令，分别完成复制与粘贴、文字编辑、对齐方式、样式应用与设置、单元格设置、单元格与数据编辑等常用功能，如图4-7所示。

图4-7 "开始"选项卡

3）"插入"选项卡：主要包括表格、插图、加载项、图表、演示、迷你图、筛选器、链接、文本、符号10个选项组，这里可以实现各种对象的插入与创建，比如完成数据透视表、插入各种图片对象、创建不同类型的图表、插入迷你图、创建各种对象链接、交互方式筛选数据、页眉和页脚、使用特殊文本、符号等功能，如图4-8所示。

图4-8 "插入"选项卡

4）"页面布局"选项卡：主要包括主题、页面设置、调整为合适大小、工作表选项、排序5个选项组，主要完成Excel表格的总体设计，设置表格主题、页面效果、打印缩放、各种对象的排列效果等功能，如图4-9所示。

图 4-9　"页面布局"选项卡

5）"公式"选项卡：包括函数库、定义的名称、公式审核、计算 4 个选项组，主要用于数据处理，实现数据公式的使用、定义单元格、公式审核、工作表的计算，如图 4-10 所示。

图 4-10　"公式"选项卡

6）"数据"选项卡：包括获取外部数据、获取和转换、连接、排序和筛选、数据工具、预测、分级显示 7 个选项组，主要完成从外部数据获取数据来源，显示所有数据的连接、对数据排序或筛查、数据处理工具、分级显示各种汇总数据、财务和科学分析数据工具的功能，如图 4-11 所示。

图 4-11　"数据"选项卡

7）"审阅"选项卡：主要包括校对、中文简繁转换、见解、语言、批注、更改 6 个选项组，用于提供对文章的拼写检查、批注、翻译、保护工作簿等功能，如图 4-12 所示。

图 4-12　"审阅"选项卡

8）"视图"选项卡：主要包括工作簿视图、显示、显示比例、窗口、宏 5 个选项组，提供了 Excel 各种视图的浏览形式与设置，如图 4-13 所示。

图 4-13　"视图"选项卡

3. 编辑栏

编辑栏位于功能区下方，包括名称框和编辑栏。名称框显示当前活动对象的名称信息。编辑栏显示当前单元格的内容，或编辑所选单元格，如图 4-14 所示。

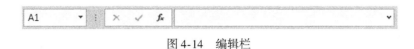

图 4-14　编辑栏

4. 工作区

用于编辑工作表中各单元格内容，一个工作簿可以包含多个工作表，如图 4-15 所示。

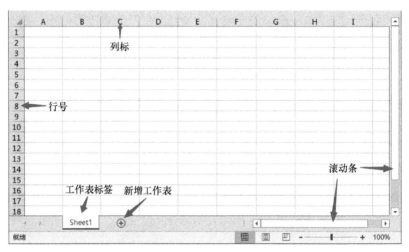

图 4-15　工作表区域

5. 状态栏

用于显示当前的工作状态，包括公式计算进度、选中区域的汇总值、平均值、当前视图模式、显示比例等，如图 4-16 所示。

图 4-16　状态栏

4.1.2　Excel 2016 常用名词术语

工作簿、工作表和单元格是非常重要的三个概念。工作簿是用于存储数据的文件，一个 Excel 文件实际上就是一个工作簿，其扩展名为".xlsx"。

在一个工作簿中可以建立多个工作表。通常可以创建一组相关的工作表，用户操作时可以不必打开多个文件，直接在同一文件的不同工作表中方便的切换。例如建立一个全年的考勤表，可以在一个工作簿中创建 12 张每月的考勤工作表，只要打开这一个 Excel 文件，就可以方便的切换查看每个月的考勤情况。

默认情况下，新建一个 Excel 2016 工作簿文件，内部只有 1 张工作表，工作表名为 Sheet1，用户可以根据需要增加或删除工作表。单击工作表标签旁的小加号就可以增加一张新的空白工作表，如图 4-17 所示。

　　单元格是组成工作表的最小单位，Excel 的工作表是由 1048576 行、XFD 列组成。每一行列交叉处即为一个单元格。每个单元格的名称就是它所在的列标和行号来命名，也叫单元格地址，如 A7、Z54 等。因此，工作表中的第一个单元格为 A1，最后一个单元格为 XFD1048576，如图 4-18 所示。(按"Ctrl +→"组合键直接移动到最右边单元格，按"Ctrl +↓"组合键直接移动到最底部单元格。)

图 4-17　工作簿里的工作表

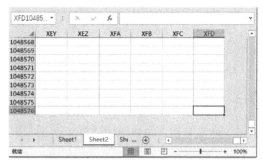

图 4-18　Excel 2016 工作表的最后一个单元格

4.1.3　数据的输入

　　要向单元格输入数据，首先要激活单元格。在任何时候，工作表中仅有一个单元格是激活的，用鼠标单击单元格即可激活，此时被激活的单元格边框为黑粗线，成为活动单元格。输入结束后按"Enter"键、"Tab"键或用鼠标单击编辑栏的"输入"按钮 ✓ 都可确认输入。按"Esc"键或单击编辑栏的"取消"按钮 ✗ ，即可取消输入。

　　1. 数据的类型

　　Excel 中输入的数据一般有以下几类：

　　1）字符型。也叫文本型，包括汉字、英文字母、数字、空格及其他键盘输入的符号，输入文本型的数据自动在单元格左对齐。如果输入字符的长度超出单元格宽度，若右边单元格无内容，则扩展到右边列，否则截断显示。如果输入的数字要按字符处理，在输入时须在输入数字的前面加上一个单引号（'），Excel 就把它当作字符处理，在单元格左对齐。

　　2）数值型。也叫数字型，由 0～9 十个数字、+、-、E、e、S、% 及小数点和千分位符号等特殊字符组成。输入数值型数据自动在单元格里靠右对齐。若输入数据长度超出单元格宽度，Excel 自动以科学计数法表示。若单元格数字格式设置为带两位小数，此时输入三位小数，则末尾将进行四舍五入，但 Excel 计算时将以输入数值而不是显示数值为准。

　　Excel 内置了一些日期时间格式的数据，当输入数据与这些格式相匹配时，Excel 将识别它们。Excel 常见的日期时间格式为"m'd'yy""d-m-yy""hh：mm AM"等。输入当天的日期按组合键"Ctrl +；"；输入当前的时间按组合键"Ctrl + Shift +；"

　　3）公式数据。Excel 的公式数据是由等号（=）开头，由单元格地址、函数、常数及运算符组成，默认情况下会在单元格中靠右对齐。若某个单元格的值为公式数据，则选择该单元格时，它的公式将在编辑框中显示，而单元格中显示公式的值，也就是公式的计算结果。

2. 数据的填充

Excel 的数据不仅可以从键盘直接输入，还可以使用 Excel 的自动输入功能来输入有规律的数据。

（1）自动填充　自动填充是根据初始值决定以后的填充项，用鼠标点住初始值所在的单元格的右下角，鼠标指针变为实心十字形，这就是自动填充柄，按住填充柄拖至要填充的最后一个单元格，即可完成自动填充。填充分为以下几种情况：

1）初始值为纯字符或纯数字，填充相当于数据复制。

2）初始值为文字数字混合体，填充时文字不变，最右边的数字递增。如初始值为 A1，填充值为 A2，A3，…。

3）初始值为 Excel 预设的自动填充序列中的一员，按预设序列填充。如果初始值为二月，自动填充三月、四月……

用户还可以自定义序列，保存后可以以后填充使用。选择"文件"选项卡的"选项"命令，如图 4-19 所示，弹出"Excel 选项"对话框，选择"高级"命令，在"常规"栏目下单击"编辑自定义列表"按钮。

图 4-19　"Excel 选项"对话框

弹出"自定义序列"对话框，在"输入序列"文本框中输入要添加的序列，单击"添加"按钮，在"自定义的序列"中可查看，如图 4-20 所示。

序列定义成功以后就可以使用它进行自动填充了。只要是经常出现的有序数据都可以定义为序列，输入初始值后使用自动填充可节省许多输入工作量，尤其是多次出现时。

例如班主任要经常使用班级名单，只需用鼠标选中工作表里的一系列学生姓名数据，在"自定义序列"对话框单击"导入"按钮即可。之后每次需要输入学生名单时就可以自动填充，非常方便。

（2）产生一个序列　用菜单命令产生一个序列的操作方法：首先单元格中输入初值并按"Enter"键；然后鼠标单击选中该单元格，在"开始"选项卡的"编辑"选项组中，单

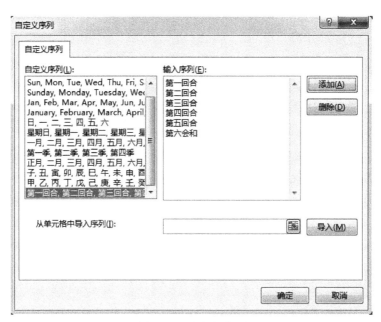

图 4-20　自定义序列

击"填充"命令，下级菜单中选择"序列"命令，如图 4-21 所示，出现如图 4-22 所示"序列"对话框。

图 4-21　填充序列

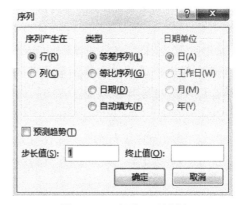

图 4-22　"序列"对话框

序列产生在：指定按行或列的方向填充。

类型：选择序列的类型。如果选"日期"，还须选上"日期单位"。

步长值：可输入等差（等比）序列每次增减（相乘）的数值。

终止值：可输入一个序列终值即不能超过的数值。

注意：除非在产生序列前已选定了序列产生的区域，否则终值必须输入。

4.1.4　创建文档

创建文档"学生成绩登记表.xlsx"，利用 Excel 2016 输入如图 4-23 所示内容，并将文件保存到桌面上。

	序号	班级	学号	姓名	录入	基本操作	WORD	EXCEL	PPT	总分	平均分	名次
学生成绩登记表												
	1	2101	001	于洪涛	70	52	74	73	67			
	6	2101	002	王磊	79	78	91	82	63			
	11	2101	003	林海	90	74	76	67	56			
	16	2101	004	于珊珊	75	65	76	90	90			
	7	2102	005	王霞	83	62	92	65	74			
	13	2102	006	王新华	64	80	95	65	77			
	17	2102	007	陈争光	78	89	72	99	56			
	20	2102	008	汪文珊	98	84	98	65	99			
	2	2103	009	刘方明	68	78	61	85	80			
	8	2103	010	王建英	74	75	73	76	65			
	9	2103	011	赵建军	52	67	89	90	98			
	18	2103	012	王鹏	85	90	64	90	76			
	3	2104	013	于国防	92	90	80	79	74			
	4	2104	014	艾晓梅	73	49	67	83	70			
	14	2104	015	钱安	78	63	87	88	89			
	19	2104	016	刘爽	82	92	87	93	87			
	5	2105	017	马建军	85	64	70	93	80			
	10	2105	018	王林	78	80	87	99	56			
	12	2105	019	张东	49	70	80	54	34			
	15	2105	020	孙莉	62	74	87	92	86			
				均成绩								
				优秀率								
				不及格人数								
				不及格率								

图 4-23　Excel 2016 工作界面

1. 启动 Excel 2016

方法 1：如果桌面有 Excel 2016 快捷方式图标，双击快捷方式图标。

方法 2：如果桌面没有快捷方式图标，则单击"开始"按钮，在开始菜单或开始菜单的"所有程序"中找到 Excel 2016 选项，单击打开，如图 4-24 所示。

2. 新建文档

启动 Excel 后选择"空白工作簿"，将会打开一个空白的工作簿文档，如图 4-25 所示。

3. 输入

输入内容如图 4-23 所示。

4. 保存文档

单击"保存"按钮，切换到"另存为"窗口，单击

图 4-24　启动 Excel 2016

"浏览"按钮打开"另存为"对话框，在文件名文本框中输入"学生成绩登记表"，单击"保存"按钮，如图 4-26 所示。

5. 退出 Excel 2016

方法 1：单击应用程序标题栏最右端的"关闭"按钮。

方法 2：单击"文件"选项卡，选择"关闭"命令，可关闭当前正在编辑的工作表，如图 4-27 所示。

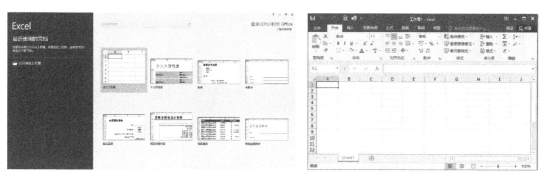

图 4-25　新建 Excel 2016 空白文档

图 4-26　打开"另存为"对话框

图 4-27　关闭 Excel 2016

4.2 工作表格式化

打开"学生成绩登记表.xlsx"进行美化。通过对表格进行美化操作,掌握表格字符格式的设置、单元格的合并与拆分、加边框等操作。将表格内不及格的成绩用红色字体、黄色底纹表示,效果如图4-28所示。

序号	班级	学号	姓名	录入	基本操作	WORD	EXCEL	PPT	总分	平均分	名次
1	2101	001	于洪涛	70	52	74	73	67			
6	2101	002	王磊	79	78	91	82	63			
11	2101	003	林海	90	74	76	67	56			
16	2101	004	于珊珊	75	65	76	90	90			
7	2102	005	王夏	83	62	92	65	74			
13	2102	006	王新华	64	80	95	65	77			
17	2102	007	陈争光	78	89	72	99	56			
20	2102	008	汪文雅	98	84	98	65	99			
2	2103	009	刘方明	68	78	61	85	80			
8	2103	010	王建英	74	75	73	76	65			
9	2103	011	赵建军	52	67	89	90	98			
18	2103	012	王鹏	85	90	64	90	76			
3	2104	013	于国防	92	90	80	79	74			
4	2104	014	艾晓梅	73	49	67	83	70			
14	2104	015	钱安	78	63	87	88	89			
19	2104	016	刘真	82	92	87	93	87			
5	2105	017	马建军	85	64	70	93	80			
10	2105	018	王林	78	80	87	99	56			
12	2105	019	张东	49	70	80	54	34			
15	2105	020	孙莉	62	74	87	92	86			
平均成绩											
优秀率											
不及格人数											
不及格率											

表标题:学生成绩登记表

图4-28 对表格进行格式化后的结果

4.2.1 打开文档

方法1:如果 Excel 2016 窗口已打开,在"文件"选项卡中选择"打开"命令,在"打开"窗口单击"浏览"按钮,弹出"打开"对话框,选择要打开的文件,单击"打开"按钮,如图4-29所示。

方法2:在文件存放位置双击文件"学生成绩登记表.xlsx"。

图4-29 "打开"对话框

4.2.2　合并单元格

将表格中第一行的标题及其他单元格合并居中到适当位置。

选择"学生成绩登记表"中 A1：L1 单元格（冒号表示连续的区域），选择"开始"选项卡的"合并后居中"命令，操作后第一行 A1：L1 单元格区域合并，并且其中的文字居中显示，如图 4-30 所示。

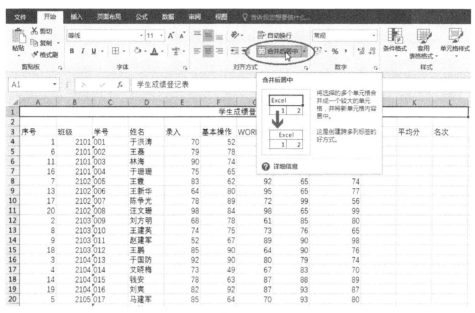

图 4-30　"合并后居中"命令

4.2.3　设置文字格式

为表格的文本设置格式，一般是在"开始"选项卡的"字体"选项组中设置。方法基本同 Word 2016 的操作。

选择标题"学生成绩登记表"，设置字体为"微软雅黑"，字号为 18；选择 A3：L27 单元格，设置字体为"仿宋"，字号为 12。

4.2.4　设置行高（列宽）

方法 1：在图中看出表格标题的行高不合适，第 1 行的高度需要增加。把鼠标指针放在第 1 行和第 2 行的行号交界线上，当鼠标指针变为➕形状后，按住鼠标左键向下拖动至合适位置松开鼠标即可调整第 1 行的高度。

方法 2：把鼠标指针放在第 1 行和第 2 行的行号交界线上，当鼠标指针变为➕形状后，双击交界线可自动调整行高。

方法 3：选中第 1 行，单击鼠标右键，弹出快捷菜单，选择"行高"命令，打开"行高"对话框，输入具体的行高数据，如图 4-31 所示。

方法 4：在"开始"选项卡的"单元格"选项组中，选择"格式"命令，下拉菜单中选择"自动调整行高"命令，如图 4-32 所示。

图 4-31 打开"行高"对话框   图 4-32 "格式"命令

4.2.5 设置边框

选择 A1：L27 区域，在"开始"选项卡的"字体"选项组中，单击"边框"按钮，选择"其他边框"，在打开的"设置单元格格式"对话框中选择"边框"选项卡，先选择"线条样式"，再选择"颜色"，最后在"预置"中选择"外边框"或"内部"，如图 4-33所示。

边框的设置同 Word 表格相似，不复杂的边框可以单击"边框"按钮，在展开的下拉列表中直接设置。要注意设置边框前要先选定操作对象，也就是哪些区域，根据边框要求不同灵活选择。

图 4-33 设置表格边框

4.2.6　设置对齐方式

在"开始"选项卡的"对齐方式"选项组中，可对单元格进行"居中"和"垂直居中"等对齐方式的设置，如图 4-34 所示。

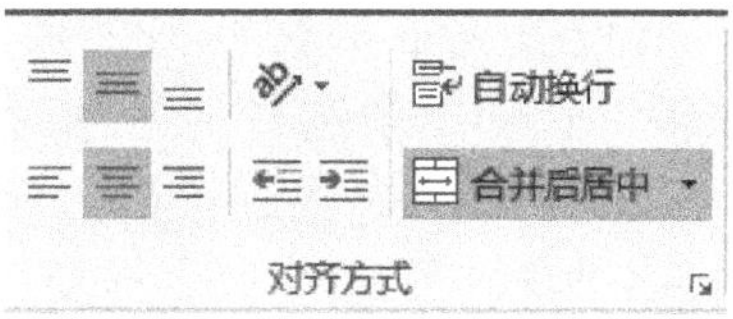

图 4-34　"对齐方式"选项组

4.2.7　条件格式

1）选中要设置条件的单元格区域 E4：I23，在"开始"选项卡的"样式"选项组中，单击"条件格式"→"突出显示单元格规则"→"小于"命令，如图 4-35 所示。

图 4-35　"条件格式"命令

2）打开"小于"对话框，文本框中输入"60"，设置为"自定义格式"，如图 4-36 所示。

3）打开"设置单元格格式"对话框，在"字体"选项卡中，设置字体颜色为"红色"，如图 4-37 所示。在"填充"选项卡中，设置背景色为"黄色"，如图 4-38 所示。

图 4-36　"小于"对话框

图 4-37　"字体"选项卡

4.2.8　文档另存

将设置完成的文档另外命名保存。在"文件"选项卡中选择"另存为"命令，单击"浏览"按钮，找到保存位置，输入新的文件名"学生成绩登记表提交"，单击"保存"按钮，这样就将设置好格式的工作簿文档重新另存为"学生成绩登记表提交.xlsx"。

4.3　公式与函数

4.3.1　使用公式

图4-38　"填充"选项卡

使用 Excel 过程中，常需要进行加、减、乘、除的计算，有时这个报表还需要重复使用，我们可以在报表中设定好既定的公式，每次只需要将变化的参数更改就可以了，不需要进行计算。Excel 中，公式数据以"＝"开头，由常量、单元格地址和运算符组成，此外还可以进行一些比较运算、文字连接运算等。

1. 运算符

（1）算术运算符　＋（加）、－（减）、＊（乘）、／（除）、%（百分号）、n（乘方），这些是进行基本的数学运算的算术运算符。

（2）比较运算符　＝（等于）、＞（大于）、＜（小于）、＞＝（大于等于）、＜＝（小于等于）、＜＞（不等于），用于比较两个运算数，产生的值为逻辑值 TRUE 或 FALSE。

（3）文本运算符　&，用于连接单元格中的文本。

文本连接时，如果要引用某单元格中的数据，直接用单元格名称即可。如果要使用文本，该文本要加英文状态下的双引号。

例如：取学生姓名和成绩，输出"某学生成绩为多少"。可如图4-39所示输入公式。注意编辑栏中显示的是 D5 单元格输入的公式 "=C2&"的成绩是"&C3"，按"Enter"键后 D5 单元格中显示的是公式运算后得到的结果，如图4-39所示。

（4）引用运算符　此类运算符有三个，用于对指定的单元格区域进行合并计算。

图4-39　使用公式连接文本

1）区域运算符（冒号:）。对两个引用之间（包括两个引用在内）的所有单元格进行个数计算。例如：（C1：D3）表示参加运算的有 C1～D3 共6个单元格。

2）联合运算符（逗号,）。和的关系，将多个区域或单元格合并为一个引用。例如：（C1：C2，E1：F2）表示 C1、C2、E1、E2、F1、F2 共6个单元格。

3）交叉运算符（空格）。对两个引用中共有单元格的引用，也就是相交部分。例如：（B7：D7 C6：C8）表示 C7。

2. 运算符的优先级

运算符的优先级如表 4-1 所示，从上到下，优先级别从高到低。

表 4-1   运算符的优先级

运　算　符	符号名称
引用运算符	区域运算符（冒号:）
	交叉运算符（空格　）
	联合运算符（逗号,）
算术运算符	%（百分号）
	n（乘方）
	*（乘）、/（除）
	+（加）、－（减）
文本运算符	&
比较	＝（等于）、＞（大于）、＜（小于）、＞＝（大于等于）、＜＝（小于等于）、＜＞（不等于）

如果公式中包含了相同优先级的运算符，将按从左到右的顺序进行计算。使用圆括号可以改变计算的顺序。

3. 公式或函数的复制

可以利用自动填充柄实现公式或函数的复制。还可以利用"复制"和"粘贴"命令，同样能进行公式的复制。

4. 单元格引用

单元格的引用分为相对引用、绝对引用和混合引用三种。

（1）相对引用　相对引用是 Excel 默认的引用方式，也是最常用的一种引用。复制公式时，公式中的相对引用将被更新，并指向与当前公式位置相对应的其他单元格。

例如：将 D1 单元格中的公式"＝A1＋B1"复制到 E6 单元格，E6 单元格中的公式会自动调整为"＝B6＋C6"。注意：D1 到 E6，行数增加了 5 行，列数增加了 1 列，所以复制后的函数内相应的其他单元格也是如此变化。这种就是相对引用。

（2）绝对引用　绝对引用描述了特定单元格的实际地址，在行号和列号的前面都加上"＄"符号，如＄A＄1。在公式或函数复制时公式中的绝对引用不会随公式的位置变化而改变。

例如：将 B3 单元格中的公式"＝SUM（＄A＄1：＄B＄2）"进行复制，无论该函数复制到哪里，复制后的公式仍然是"＝SUM（＄A＄1：＄B＄2）"。

（3）混合引用　混合引用是指对单元格的引用，行或列的位置是相对与绝对混合的。其中绝对的引用部分不会发生变化，相对的引用部分会随之变化。

例如：将 B3 单元格中的公式"＝＄A1＋B＄2"复制到 C6 单元格，C6 单元格中的公式会自动调整为"＝＄A4＋C＄2"。

在公式中选定要转换引用的单元格，反复按"F4"键可在三种引用之间进行转换。

5. 常见的公式错误及错误代码

常见的公式错误及错误代码如表4-2所示。

表4-2　常见的公式错误及错误代码

错误代码	原　　因
#####!	单元格所含的数字、日期或时间比单元格宽，或者单元格的日期时间公式产生了一个负值
#VALUE!	当使用错误的参数或运算对象类型时，或者当公式自动更正功能不能更正公式时，将产生错误值#VALUE!
#DIV/O!	当公式被零除时，将会产生错误值#DIV/O!
#NAME?	在公式中使用了Excel不能识别的文本时将产生错误值#NAME?
#N/A	当在函数或公式中没有可用数值时，将产生错误值#N/A
#REF!	当单元格引用无效时将产生错误值#REF!
#NUM!	当公式或函数中某个数字有问题时将产生错误值#NUM!
#NULL!	当试图为两个并不相交的区域指定交叉点时将产生错误值#NULL!

4.3.2　使用函数

为了方便用户对数据进行计算，Excel提供了许多内置的函数。除了诸如求和、求平均值等常规计算的内置函数外，还提供了300多个涉及财务、时间与日期、统计、查找和引用、数据库、文本、逻辑等内置函数。为用户对数据进行运算和分析带来了极大方便。

1. 插入函数

函数的一般使用，有粘贴函数法和直接输入法。

由于Excel提供了几百个函数，用户很难全部记住，通常使用插入函数的方法。在"公式"选项卡的"函数库"选项组中有各种类型函数，如财务、逻辑、文本、日期和时间、查找与引用、数学和三角函数等，如图4-40所示。

图4-40　"函数库"选项组

可以直接选择某类函数，在打开的下拉列表中选择要插入的函数。插入更多函数还可以单击"函数库"选项组中的"插入函数"命令，打开"插入函数"对话框，如图4-41所示。

可以"搜索函数""或选择类别"（如常用函数、财务等），在下边"选择函数"中选择要使用的函数（如SUM），单击"确定"按钮，将出现如图4-42所示"函数参数"对话框。

图 4-41 "插入函数"对话框

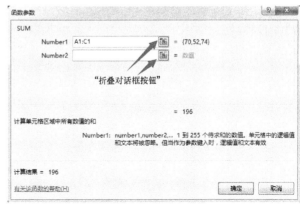

图 4-42 "函数参数"对话框

在参数框中输入区域、单元格或常量。也可以用鼠标在工作表中选择区域或单元格，在选择时，单击参数框右侧"折叠对话框"按钮，这样可以暂时折叠起对话框，露出工作表，在工作表中选定区域后再单击此按钮，恢复参数输入对话框。

常用的函数有很多，例如：

1）SUM（参数）：计算参数所含单元格区域中所有数值的和。

2）AVERAGE（参数）：返回所有参数的平均值。

3）IF（逻辑表达式，返回值 1，返回值 2）：判断一个条件是否满足，满足返回一个值，否则返回另一个值。

4）COUNT（参数）：计算包含数字的单元格以及参数列表中的数字的个数。

5）MAX（参数）：返回一组数值中的最大值。

6）MIN（参数）：返回一组数值中的最小值。

2. 自动求和

Excel 中很常用的函数是求和，"自动求和"功能可以方便地求和计算，不用做插入函数的操作。在"开始"选项卡的"函数库"选项组中有"自动求和"按钮。因为该功能很常用，在"开始"选项卡的"编辑"选项组中也有该功能按钮 **∑ 自动求和** ▾，更加方便使用。

4.3.3　任务实施

打开"学生成绩登记表提交 . xlsx"文件，求出成绩表中的总分、平均分、名次、优秀率、不及格率和不及格人数。

1. 利用函数求总分

1）选择存放结果的单元格"J4"，在"公式"选项卡的"函数库"选项组中，选择"插入函数"命令，打开"插入函数"对话框。

2）在对话框中，可以在"搜索函数"文本框中输入一条简短说明来描述想做什么，比如"求和"，然后单击"转到"按钮，就会在下方列表中出现相关函数。在"或选择类别"下拉列表框中可选择函数类型，如常用函数，然后在"选择函数"列表框中选择所要使用的函数"SUM"，单击"确定"按钮，打开"函数参数"对话框。

3）在"Number1"或"Number2"文本框中输入求和的数据区域 E4:I4，如图 4-43 所示。或是单击文本框右边的"折叠对话框"按钮▣，这样可以暂时折叠起对话框，先露出工作表，选定区域，如图 4-44 所示。然后再单击折叠后的输入框右侧按钮，恢复"函数参数"对话框。

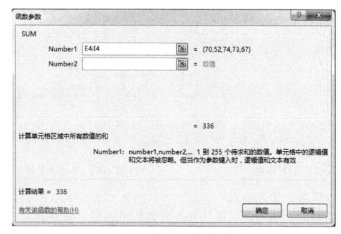

图 4-43　设置函数中的参数

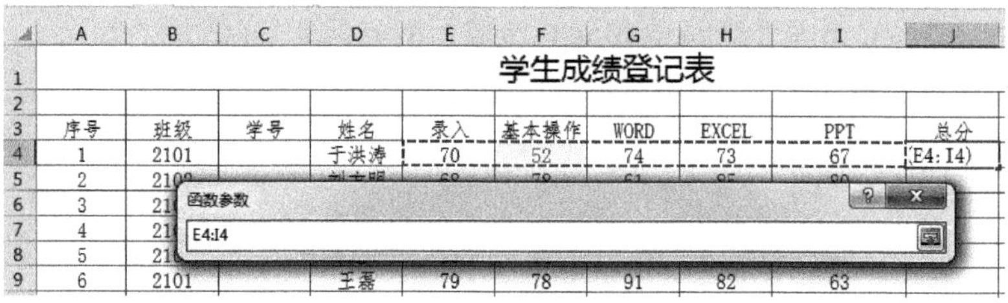

图 4-44　单击"折叠对话框"按钮的变化

4）鼠标指针指向 J4 单元格的右下角，鼠标指针变为黑色十字光标，此时按下鼠标左键，向下拖动到 J23 单元格，利用自动填充功能求出了其他学生的总分，结果显示如图 4-45 所示。

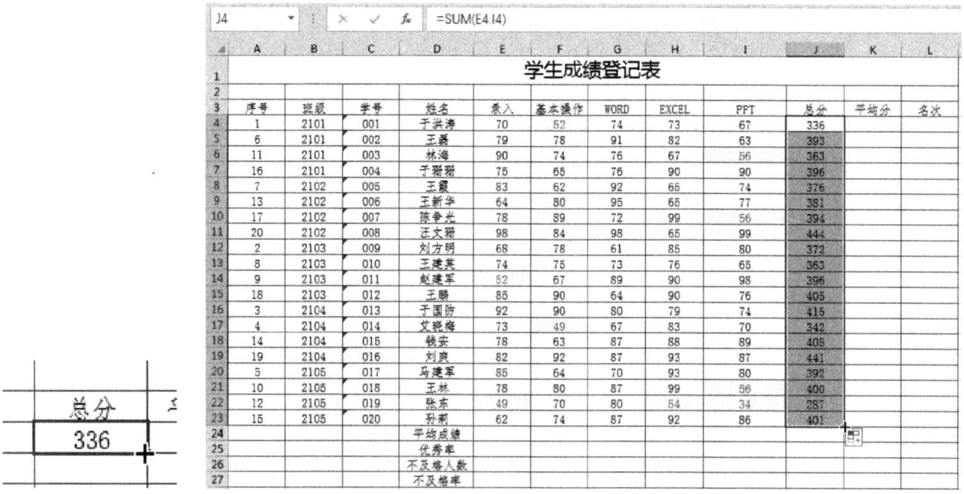

图 4-45　计算学生总分结果

2. 求每位学生的平均分

方法 1：利用公式，选择存放结果的单元格"K4"，再输入公式"= J4/5"，按"Enter"键。求出第一位学生的平均分。

方法 2：利用函数，选择存放结果的单元格"K4"，操作同求"总分"的方法，在"插入函数"对话框的"选择函数"列表框中选择平均数函数"AVERAGE"，打开"函数参数"对话框，在"Number1"文本框中输入求平均数的数据区域 E4：I4，单击"确定"按钮。求出第一位学生的平均分。

再利用自动填充功能求出其他学生的平均分，结果如图 4-46 所示。

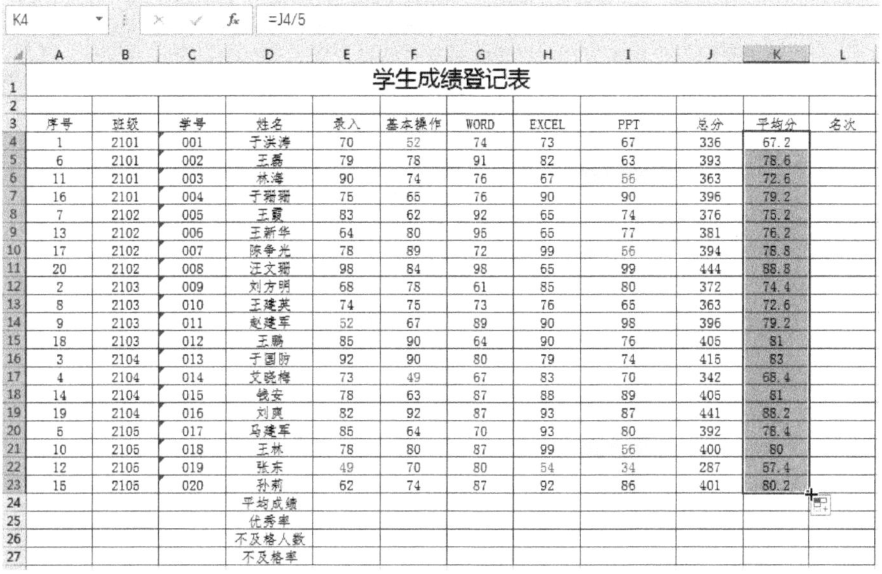

图 4-46　计算学生平均分结果

3. 利用函数求名次

1）选择存放结果的单元格"L4"，在"插入函数"对话框的"或选择类别"下拉列表框中选择函数类型"统计"，然后在"选择函数"列表框中选择排序函数"RANK. EQ"，单击"确定"按钮，打开"函数参数"对话框。

2）RANK. EQ 函数是求某一个数值在某一区域内的排名，例如，求 K4 单元格中的数据在 K4：K23 区域的排名情况，在"Number"文本框中输入"K4"，"Ref"文本框中输入"K4：K23"，"Order"的作用是指定排名方式，从高到低排序不输入参数，默认值可为 0，单击"确定"按钮，得到排名"19"，利用自动填充功能求出其他学生的排名。但是我们发现 L5 单元格的公式变成了 = RANK. EQ（K5，K5：K24），我们要比较的数据的区域是 K4：K23，这是不能变化的，所以我们要使用"$"符号锁定 K4：K23 这段公式，所以，K4 单元格的公式的参数"Ref"文本框中输入（可用"F4"键进行切换）"K4：K23"，如图 4-47 所示。

3）最后利用自动填充功能求出其他学生的名次，结果显示如图 4-48 所示。

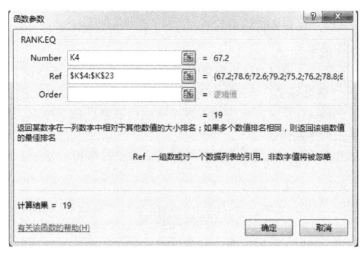

图 4-47　设置排名函数参数

序号	班级	学号	姓名	录入	基本操作	WORD	EXCEL	PPT	总分	平均分	名次
						学生成绩登记表					
1	2101	001	于洪涛	70	52	74	73	67	336	67.2	19
6	2101	002	王磊	79	78	91	82	63	393	78.6	11
11	2101	003	林海	90	74	76	67	56	363	72.6	16
16	2101	004	于雅馨	75	65	76	90	90	396	79.2	8
7	2102	005	王霞	83	62	92	65	74	376	75.2	14
13	2102	006	王新华	64	80	95	65	77	381	76.2	13
17	2102	007	陈争光	78	89	72	99	56	394	78.8	10
20	2102	008	汪文雅	98	84	98	65	99	444	88.8	1
2	2103	009	刘方明	68	78	61	85	80	372	74.4	15
8	2103	010	王建英	74	75	73	76	65	363	72.6	16
9	2103	011	赵建军	52	67	89	90	98	396	79.2	8
18	2103	012	王鹏	85	90	64	90	76	405	81	4
3	2104	013	于国防	92	90	80	79	74	415	83	3
4	2104	014	艾晓峰	73	49	67	83	70	342	68.4	18
14	2104	015	钱安	78	63	87	88	89	405	81	4
19	2104	016	刘良	82	92	87	93	87	441	88.2	2
5	2105	017	马建军	85	64	70	93	80	392	78.4	12
10	2105	018	王林	78	80	87	99	56	400	80	7
12	2105	019	张东	49	70	80	54	34	287	57.4	20
15	2105	020	孙莉	62	74	87	92	86	401	80.2	6
			平均成绩								
			优秀率								
			不及格人数								
			不及格率								

图 4-48　计算学生成绩排名结果

4. 求各科的平均成绩

方法同第 2 步"求每位学生的平均分"，结果显示如图 4-49 所示。

5. 利用函数求各科优秀率

1）优秀率 =（成绩≥90 的人数）/参加考试人数。选择存放结果的单元格"E25"，在"插入函数"对话框中选择函数"COUNTIF"，单击"确定"按钮，打开"函数参数"对话框，"Range"文本框中输入单元格数据 E4：E23，"Criteria"文本框中输入满足语文成绩大于等于 90 的条件，即 > =90，单击"确定"按钮，如图 4-50 所示。这样就求出了该科目优秀的人数。

	E24		⁝	×	✓	f_x	=AVERAGE(E4:E23)				

学生成绩登记表

序号	班级	学号	姓名	录入	基本操作	WORD	EXCEL	PPT	总分	平均分	名次
1	2101	001	于洪涛	70	52	74	73	67	336	67.2	19
6	2101	002	王磊	79	78	91	82	63	393	78.6	11
11	2101	003	林海	90	74	76	67	56	363	72.6	16
16	2101	004	于爱蕾	75	65	76	90	90	396	79.2	8
7	2102	005	王夏	83	62	92	65	74	376	75.2	14
13	2102	006	王新华	64	80	95	65	77	381	76.2	13
17	2102	007	陈争光	78	89	72	99	56	394	78.8	10
20	2102	008	汪文爱	98	84	98	65	99	444	88.8	1
2	2103	009	刘方明	68	78	61	85	80	372	74.4	15
8	2103	010	王建英	74	75	73	76	65	363	72.6	16
9	2103	011	赵建军	52	67	89	90	98	396	79.2	8
18	2103	012	王鹏	85	90	64	90	76	405	81	4
3	2104	013	于国防	92	90	80	79	74	415	83	3
4	2104	014	艾晓梅	73	49	67	83	70	342	68.4	18
14	2104	015	钱安	78	63	87	88	89	405	81	4
19	2104	016	刘真	82	92	87	93	87	441	88.2	2
5	2105	017	马捷军	85	64	70	93	80	392	78.4	12
10	2105	018	王林	78	80	87	99	56	400	80	7
12	2105	019	张东	49	70	80	54	34	287	57.4	20
15	2105	020	孙菊	62	74	87	92	86	401	80.2	6
			平均成绩	75.75	73.8	80.3	81.4	73.85			
			优秀率								
			不及格人数								
			不及格率								

图 4-49　计算各科平均分结果

2）在编辑栏里完善公式，在函数后输入"/20"，即 = COUNTIF(E4:E23," > = 90")/ 20，按"Enter"键，结果为 0.15。因为优秀率要用百分比表示，所以需要更改数字的表示形式，选中 E25 单元格，单击右键弹出快捷菜单，选择"设置单元格格式"命令，打开"设置单元格格式"对话框，在"数字"选项卡的"分类"列表框中选择"百分比"，"小数位数"文本框中设为"0"，如图 4-51 所示。

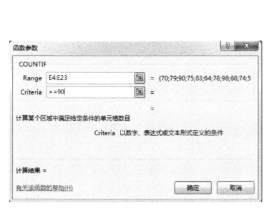

图 4-50　设置 COUNTIF 函数参数（优秀人数）

图 4-51　"数字"选项卡

3）利用自动填充功能求出其他科目的优秀率，结果显示如图 4-52 所示。

6. 利用函数求各科不及格人数

1）选择存放结果的单元格"E26"，在"插入函数"对话框中选择函数"COUNTIF"，单击"确定"按钮，打开"函数参数"对话框，"Range"文本框中输入单元格数据 E4:E23，"Criteria"文本框中输入满足语文成绩小于 60 的条件，即 < 60，单击"确定"按钮，如图 4-53 所示。

图 4-52　计算优秀率结果

图 4-53　设置 COUNTIF 函数参数（不及格人数）

2）利用自动填充功能求出其他科目的不及格人数，结果显示如图 4-54 所示。

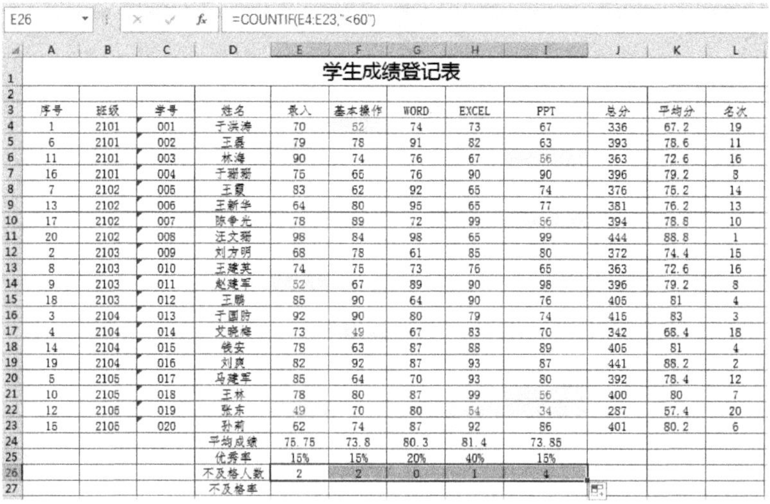

图 4-54　计算不及格人数结果

7. 利用函数求各科不及格率

选中 E27 单元格，输入＝E26/20，按"Enter"键，然后在"设置单元格格式"对话框中，设置该单元格格式为百分比类型的数字，小数点后不保留，得出该科目的不及格率，然后拖动填充柄，求出其他科目的不及格率，如图 4-55 所示。

图 4-55　计算不及格率结果

4.4　工作表的数据管理

4.4.1　数据清单

数据清单是工作表中由若干列和至少两行的一个区域中的数据，是一个二维表。一般是指包含相关数据的一系列工作表数据行，如一个班级的成绩单，或一张月考勤表。其中"行"表示记录，"列"表示字段。数据清单的第一行每个单元格都是字段名，一般该行称为标题行；下边各行的单元格中的内容都是字段值，它们的数据类型应当是一致的，一行就是一条记录，如图 4-56 所示。

1. 使用数据清单的准则

1）每张工作表里只能使用一个数据清单。因为某些清单管理功能如排序、筛选、分类汇总等，一次只能在一个数据清单中使用。

2）使清单独立。在工作表的数据清单与其他数据间至少应留有一个空列和一个空行。在执行排序、筛选或自动汇总等操作时，这将有利于 Excel 检测和选定数据清单。

3）显示行和列。在修改数据清单之前，要确保隐藏的行或列被显示出来。如果清单中的行和列未被显示，那么数据有可能会被隐藏。

4）数据清单的第一行是清单各字段名称。要在清单的第一行中创建字段名，这样有利于 Excel 查找和组织数据。对于字段名尽量使用与清单中数据不同的字体，一目了然。

	A	B	C	D	E	F	G	H	I
1	序号	班级	学号	姓名	录入	基本操作	WORD	EXCEL	PPT
2	1	2101	001	于洪涛	70	52	74	73	67
3	6	2101	002	王磊	79	78	91	82	63
4	11	2101	003	林海	90	74	76	67	56
5	16	2101	004	于珊珊	75	65	76	90	90
6	7	2102	005	王霞	83	62	92	65	74
7	13	2102	006	王新华	64	80	95	65	77
8	17	2102	007	陈争光	78	89	72	99	56
9	20	2102	008	汪文珊	98	84	98	65	99
10	2	2103	009	刘方明	68	78	61	85	80
11	8	2103	010	王建英	74	75	73	76	65
12	9	2103	011	赵建军	52	67	89	90	98
13	18	2103	012	王鹏	85	90	64	90	76
14	3	2104	013	于国防	92	90	80	79	74
15	4	2104	014	艾晓梅	73	49	67	83	70
16	14	2104	015	钱安	78	63	87	88	89
17	19	2104	016	刘爽	82	92	87	93	87
18	5	2105	017	马建军	85	64	70	93	80
19	10	2105	018	王林	78	80	87	99	56
20	12	2105	019	张东	49	70	80	54	34
21	15	2105	020	孙莉	62	74	87	92	86

图 4-56 数据清单

5）数据清单中避免出现空行和空列。

6）不要在单元格中的数据前面或后面输入空格，否则将影响数据的排序和搜索。可以通过单元格的格式设置调整位置。

2. 编辑数据

数据"记录单"是一种对话框，利用它可以很方便地在数据清单中一次输入或显示一行完整的信息或记录，也可以利用它查找和删除记录。

单击"文件"选项卡中的"选项"，打开"Excel 选项"对话框，在左侧选中"快速访问工具栏"，在中间"从下列位置选择命令"下拉列表中选择"不在功能区中的命令"，在右侧窗口中选中"记录单"，如图 4-57 所示。

图 4-57 "Excel 选项"对话框

单击"添加"按钮，再单击"确定"按钮，会在 Excel 左上角出现快捷访问图标，选中数据清单中的任一单元格，单击"记录单"按钮，出现如图 4-58 所示的对话框。

对话框左侧显示第一条记录各字段的数据，右侧最上面显示当前数据清单中的总记录数和当前显示的是第几条记录。可以使用"上一条"和"下一条"按钮、垂直滚动条等来查看不同记录。如果记录很多，还可以利用"条件"按钮查找某些特定的记录。例如，要查找英语成绩大于 80 分的记录，方法是：单击"条件"按钮，在英语栏中输入"＞80"，单击"上一条"或"下一条"按钮，在对话框中就只显示符合条件的记录了。可以使用"删除"按钮来删除当前记录，也可以使用"新建"按钮来添加记录。对当前记录，可以直接修改；如果想恢复，则单击"还原"按钮。

图 4-58   通过"记录单"对话框显示或编辑数据

4.4.2   任务实施

将"学生成绩登记表提交.xlsx"文档中最后四行删除，如图 4-59 所示。

序号	班级	学号	姓名	录入	基本操作	WORD	EXCEL	PPT	总分	平均分	名次
1	2101	001	于洪涛	70	52	74	73	67	336	67.2	19
6	2101	002	王磊	79	78	91	82	63	393	78.6	11
11	2101	003	林海	90	74	76	67	56	363	72.6	16
16	2101	004	于珊珊	75	65	76	90	90	396	79.2	8
7	2102	005	王夏	83	62	92	65	74	376	75.2	14
13	2102	006	王新华	64	80	95	65	77	381	76.2	13
17	2102	007	陈争光	78	89	72	99	56	394	78.8	10
20	2102	008	汪文雅	98	84	98	65	99	444	88.8	1
2	2103	009	刘方明	68	78	61	85	80	372	74.4	15
8	2103	010	王建英	74	75	73	76	65	363	72.6	16
9	2103	011	赵建军	52	67	89	90	98	396	79.2	8
18	2103	012	王鹏	85	90	64	90	76	405	81	4
3	2104	013	于国防	92	90	80	79	74	415	83	3
4	2104	014	艾晓梅	73	49	67	83	70	342	68.4	18
14	2104	015	钱安	78	63	87	88	89	405	81	4
19	2104	016	刘爽	82	92	87	93	87	441	88.2	2
5	2105	017	马建军	85	64	70	93	80	392	78.4	12
10	2105	018	王林	78	80	87	99	56	400	80	7
12	2105	019	张东	49	70	80	54	34	287	57.4	20
15	2105	020	孙莉	62	74	87	92	86	401	80.2	6

图 4-59   "学生成绩登记表"记录单

1. 排序

将"学生成绩登记表"按"录入"科目成绩升序排序、同分情况下按"WORD"科目成绩降序排序。

1）在"数据"选项卡的"排序和筛选"选项组中，选择"排序"命令，如图 4-60 所示。

2）打开"排序"对话框，在"主要关键字"下拉列表中选择"录入"，"次序"下列

135

列表中选择"升序"，单击"添加条件"按钮，"次要关键字"下拉列表中选择"WORD"，"次序"下列列表中选择"降序"，如图 4-61 所示。

图 4-60　排序

图 4-61　"排序"对话框

如果只按一个关键字进行排序，也可以直接通过单击"升序排序"按钮 或"降序排序"按钮 来实现，结果如图 4-62 所示。

A	B	C	D	E	F	G	H	I	J	K	L
					学生成绩登记表						
序号	班级	学号	姓名	录入	基本操作	WORD	EXCEL	PPT	总分	平均分	名次
12	2105	019	张东	49	70	80	54	34	287	57.4	20
9	2103	011	赵建军	52	67	89	90	98	396	79.2	8
15	2105	020	孙莉	62	74	87	92	86	401	80.2	6
13	2102	006	王新华	64	80	95	65	77	381	76.2	13
2	2103	009	刘方明	68	78	61	85	80	372	74.4	15
1	2101	001	于兴涛	70	52	74	73	67	336	67.2	19
4	2104	014	艾骁楠	73	49	67	83	70	342	68.4	18
8	2103	010	王建英	74	75	73	76	65	363	72.6	16
16	2101	004	于翠翠	75	65	76	90	90	396	79.2	8
14	2104	015	钱安	78	63	87	88	89	405	81	4
10	2105	018	王林	78	80	87	99	56	400	80	7
17	2102	007	陈争光	78	89	72	99	56	394	78.8	10
6	2101	002	王磊	79	78	91	82	63	393	78.6	11
19	2104	016	刘真	82	92	87	93	87	441	88.2	2
7	2102	005	王霞	83	62	92	65	74	376	75.2	14
5	2105	017	马建军	85	64	70	93	80	392	78.4	12
18	2103	012	王鹏	85	90	64	90	76	405	81	4
11	2101	003	林涛	90	74	76	67	56	363	72.6	16
3	2104	013	于国防	92	90	80	79	74	415	83	3
20	2102	008	汪文慧	98	84	98	65	99	444	88.8	1

图 4-62　排序结果

3）将该表另存为"排序 . xlsx"。

2. 筛选

在"学生成绩登记表"中利用筛选功能求出："基本操作"成绩大于 75 分（自动筛选）；"WORD"成绩大于 70 分、"EXCEL"成绩大于等于 80 分的学生成绩（高级筛选）。

筛选是查找和处理数据清单中数据的一种快捷方式。筛选清单仅显示满足条件的记录，该条件由用户针对某列指定。筛选方式有自动筛选（适用于简单条件）和高级筛选（适用于复杂条件）。与排序不同，筛选并不重排清单，只是暂时隐藏不必显示的行。注意，一次只能对工作表中的一个数据清单使用筛选命令。

1）先选中数据清单中的任意单元格，在"数据"选项卡的"排序和筛选"选项组中，单击"筛选"按钮，此时在数据清单的每个字段名右侧均会出现一个下拉箭头，如图 4-63 所示。

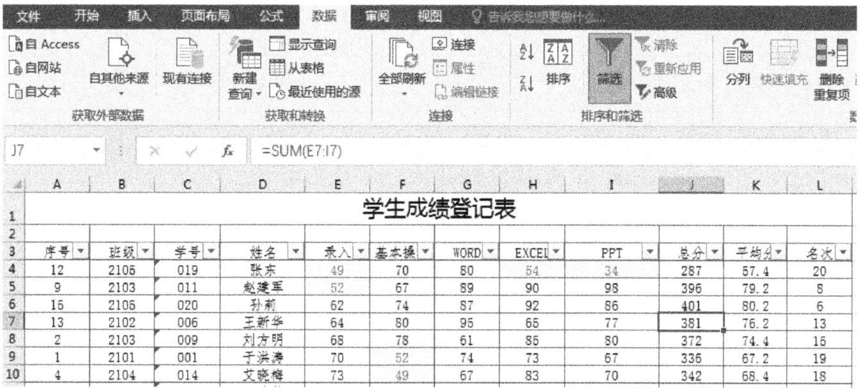

图 4-63　筛选命令

单击"基本操作"字段旁的下拉箭头，在"数字筛选"中选择"大于"，如图 4-64 所示。打开"自定义自动筛选方式"对话框，在"基本操作"下拉列表中选择"大于"，文本框中输入"75"，如图 4-65 所示。单击"确定"按钮，结果如图 4-66 所示，状态栏还会显示符合条件的个数。

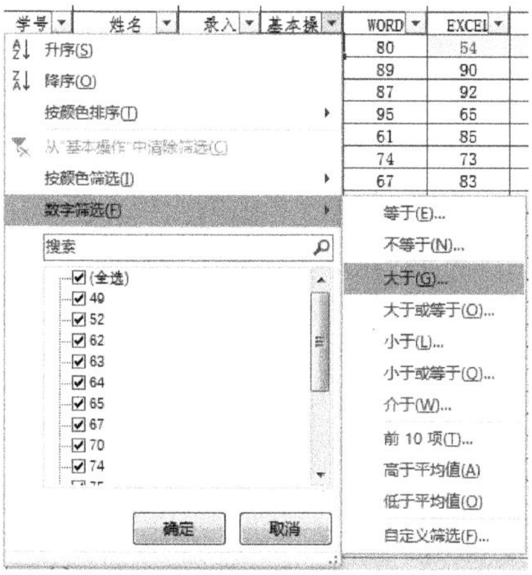

图 4-64　自定义筛选下拉列表　　　　图 4-65　"自定义自动筛选方式"对话框

对筛选的表格进行统计分析后，要恢复显示出全部数据表格，则可取消筛选操作，单击"基本操作"单元格右边"筛选"按钮，展开"筛选"下拉列表，选择"从'基本操作'中清除筛选"即可，如图 4-67 所示。

2）单击数据清单中的任一单元格，在"数据"选项卡的"排序和筛选"选项组中，单

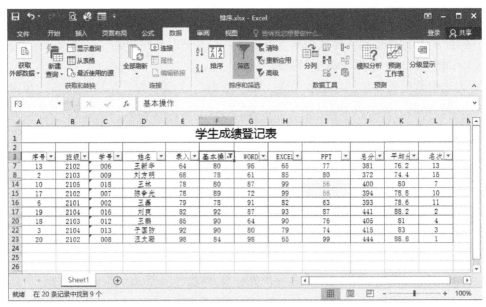

图 4-66　自定义筛选结果

击"高级"按钮 ![高级]，打开"高级筛选"对话框，如图 4-68 所示。

图 4-67　取消自定义筛选

图 4-68　"高级筛选"对话框

"条件区域"是工作表中用来存放筛选条件的特殊区域，通常条件区域位于数据清单的外面，在条件区域与数据清单之间要留出空白一行。条件区域必须包含数据清单的字段名。列表区域是数据清单有数据的区域"A3：L23"，条件区域"A25：B26"是需要提前输入的，在 A25、B25 单元格分别输入字段名："WORD"和"EXCEL"，A26、B26 单元格分别输入条件"＞70""＞＝80"，如图 4-68 所示。单击"确定"按钮，结果如图 4-69 所示。单击 ![清除] 按钮可清除筛选，显示出全部数据表格。

3. 分类汇总

在"学生成绩登记表"中按照学生班级汇总各班各科的平均分。

分类汇总可以对 Excel 数据清单中的某个字段提供"求和"或"平均值"等汇总计

	A	B	C	D	E	F	G	H	I	J	K	L
1						学生成绩登记表						
2												
3	序号	班级	学号	姓名	录入	基本操作	WORD	EXCEL	PPT	总分	平均分	名次
5	9	2103	011	赵建军	52	67	89	90	98	396	79.2	8
6	15	2105	020	孙莉	62	74	87	92	86	401	80.2	6
12	16	2101	004	于雅雅	75	65	76	90	90	396	79.2	8
13	14	2104	015	钱安	78	63	87	88	89	405	81	4
14	10	2105	018	王林	78	80	87	99	56	400	80	7
15	17	2102	007	陈争光	78	89	72	99	56	394	78.8	10
16	6	2101	002	王磊	79	78	91	82	63	393	78.6	11
17	19	2104	016	刘爽	82	92	87	93	87	441	88.2	2
24												
25	WORD	EXCEL										
26	>70	>=80										

图 4-69   高级筛选结果

算，并能将计算结果分类别显示出来。注意，数据清单中必须包含带有标题的列，并且数据清单必须对进行分类汇总的列先进行排序操作。

1）选中"班级"一列中的任一单元格，在"开始"选项卡的"编辑"选项组中，单击"排序和筛选"按钮，对"班级"一列进行"升序"或"降序"排列，如图 4-70 所示。也可以在"数据"选项卡中进行排序，经过排序使得同一个班级的记录连在一起，方便后边分类汇总。

图 4-70   分类汇总前先排序

2）在"数据"选项卡的"分级显示"组中，单击"分类汇总"按钮，如图 4-71 所示。

图 4-71   "分类汇总"命令

3）打开"分类汇总"对话框，在"分类字段"下拉列表中选择"班级"，"汇总方式"下拉列表中选择"平均值"，"选定汇总项"列表框中选择输入、基本操作、WORD、EXCEL、PPT、平均分，如图 4-72 所示。

4）单击"确定"按钮，得到结果如图 4-73 所示。图中左上方的"1""2""3"按钮可以控制显示或隐藏某一级别的明细数据，通过左侧的"＋""－"号也可以实现这一功能。

5）如果想清除分类汇总回到数据清单的初始状态，在图 4-72 所示对话框中单击"全部删除"按钮。

图 4-72   "分类汇总"对话框

	A	B	C	D	E	F	G	H	I	J	K	L
1					学生成绩登记表							
3	序号	班级	学号	姓名	录入	基本操作	WORD	EXCEL	PPT	总分	平均分	名次
4	1	2101	001	于洪涛	70	52	74	73	67	336	67.2	23
5	16	2101	004	于珊珊	75	65	76	90	90	396	79.2	10
6	6	2101	002	王磊	79	78	91	82	63	393	78.6	13
7	11	2101	003	林涛	90	74	76	67	56	363	72.6	20
8		2101 平均值			78.5	67.25	79.25	78	69		74.4	
9	13	2102	006	王新华	64	80	95	65	77	381	76.2	16
10	17	2102	007	陈争光	78	89	72	99	56	394	78.8	12
11	7	2102	005	王霞	83	62	92	65	74	376	75.2	17
12	20	2102	008	汪文翔	98	84	98	65	99	444	88.8	1
13		2102 平均值			80.75	78.75	89.25	73.5	76.5		79.75	
14	9	2103	011	赵建军	52	67	89	90	98	396	79.2	10
15	2	2103	009	刘方明	68	78	61	85	80	372	74.4	18
16	8	2103	010	王建英	74	75	73	76	65	363	72.6	20
17	18	2103	012	王鹏	85	90	64	90	76	405	81	4
18		2103 平均值			69.75	77.5	71.75	85.25	79.75		76.8	
19	4	2104	014	艾晓梅	73	49	67	83	70	342	68.4	22
20	14	2104	015	钱安	78	63	87	88	89	405	81	4
21	19	2104	016	刘真	82	92	87	93	87	441	88.2	2
22	3	2104	013	于国防	92	90	80	79	74	415	83	3
23		2104 平均值			81.25	73.5	80.25	85.75	80		80.15	
24	12	2105	019	张东	49	70	80	54	34	287	57.4	24
25	15	2105	020	孙莉	62	74	87	92	86	401	80.2	6
26	10	2105	018	王林	78	80	87	99	56	400	80	8
27	5	2105	017	马建军	85	64	70	93	80	392	78.4	14
28		2105 平均值			68.5	72	81	84.5	64		74	
29		总计平均值			75.75	73.8	80.3	81.4	73.85		77.02	
30												

图 4-73　分类汇总结果

4.5　创建图表

对数据进行图表处理，是指将单元格中的数据以各种统计图表的形式显示，使得数据能更加直观、形象、易懂。当工作表中的数据源发生变化时，图表中对应项的数据也会自动更新。除了将数据以各种统计图表显示外，图表还有其他功能，使工作表中的数据、文字、图形并存。

任务实施

将"学生成绩登记表"中第 1 名和第 15 名学生的各科成绩创建一个"簇状柱形图"进行比较，结果如图 4-74 所示。

1. 选定数据

按住"Ctrl"键，选中 D3：I3，D11：I11，D13：I13 单元格区域。

2. 插入图表

在"插入"选项卡的"图表"选项组中，单击"柱形图"按钮，选择"二维柱形图"中的"簇状柱形图"，如图 4-75 所示，即可创建图表。

3. 编辑图表

选定插入的图表，会在功能区新增两个上下文选项卡："设计"和"格式"。在"设计"选项卡的"图表布局"选项组中，单击"添加图表元素"按钮，在展开的下拉列表中选择"图表标题"→"图表上方"，如图 4-76 所示，在图表标题文本框中输入"成绩比较"，如图 4-77 所示。将图标移动到适当位置。

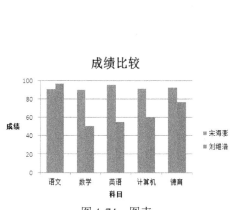

图 4-74　图表

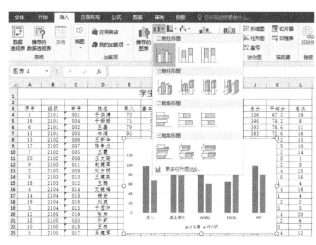

图 4-75　插入图表

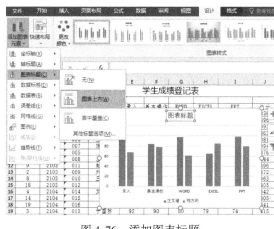
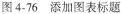

图 4-76　添加图表标题

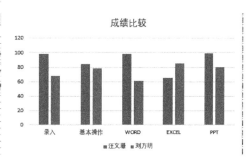

图 4-77　图表工具

对图表具体的设置和美化，可以在"设计"和"格式"上下文选项卡中进行操作。最后将文件名保存为"图表.xlsx"。

4.6　页面设置与打印

前面我们已经学会了如何制作一张学生成绩登记表，一所学校还会有不同年级、其他专业的学生，这样类似的工作表不需要多次制作，而是利用已创建的工作表进行复制、数据修改等操作就可以完成多张工作表的创建。通过本节的学习，掌握工作表的重命名、复制、移动、插入、删除等操作方法；有时我们需要对制作的工作表数据进行保护，掌握对工作表加密的操作。

例如，对制作的工作表进行打印输出，打印前设置工作表的纸张为 A4，横向，上下边距为 2.5，左右边距为 2.0；页眉输入"2021 级学生成绩登记表"，设置字体为楷体，大小为 12，字形为加粗，左对齐；页脚输入"第一页"，设置字体为宋体，大小为 14，居中。

4.6.1 工作表重命名

打开"图表.xlsx"。

方法 1：选择要重新命名的工作表标签"Sheet1"，单击鼠标右键，在弹出的快捷菜单中选择"重命名"命令，工作表标签"Sheet1"呈反色显示，输入"2021 级"，按"Enter"键表示确定，如图 4-78 所示。

图 4-78　工作表标签重命名

方法 2：直接双击工作表标签"Sheet1"呈反色显示，再输入"2021 级"，按"Enter"键表示确定。

4.6.2 工作表的复制与移动

1. 工作表的复制

方法 1：选择"2021 级"工作表标签，单击鼠标右键，在弹出的快捷菜单中选择"移动或复制"命令，打开"移动或复制工作表"对话框，如图 4-79 所示。在"下列选定工作表之前"列表框中选择复制在哪个工作表前，选中"建立副本"复选框，单击"确定"按钮。按照同样的方法再复制三张相同的工作表，按年级和专业重命名，并将工作表中的数据修改成本年级本专业学生的姓名和各科成绩，就可生成多个班级的成绩表。

图 4-79　工作表的移动或复制

方法 2：选择工作表标签，按住鼠标左键不放拖动工作表标签，这时鼠标箭头上有张小白纸，同时，按住"Ctrl"键小白纸上有个"＋"，也可实现复制工作表的目的，黑色三角代表工作表复制到的位置。

2. 工作表的移动

方法 1：方法同工作表复制操作，如果不选中"建立副本"复选框，单击"确定"按钮，就是移动工作表。

方法 2：选择工作表标签，按住鼠标左键不放拖动工作表，这时鼠标箭头上有张小白纸，也可实现移动工作表的目的，黑色三角代表工作表移动到的位置。

4.6.3　工作表的插入与删除

1. 工作表的插入

要在"2021 级"工作表之前插入一张工作表。选择"2021 级"工作表标签，单击鼠标右键，在弹出的快捷菜单中选择"插入"命令，打开"插入"对话框，在"常用"选项卡中选择"工作表"如图 4-80 所示，就会在选中的工作表标签前插入一张空白的工作表。

图 4-80　"插入"对话框

2. 工作表的删除

选择要删除的工作表标签，单击鼠标右键，在弹出的快捷菜单中选择"删除"命令，如果是空白表可直接删除，如果工作表中有数据，会出现"删除确认"对话框，如图 4-81 所示。

4.6.4　打印工作表内容

1. 页面设置

选中要打印的工作表标签"2021 级"，选择"页面布局"选项卡，单击"页面设置"选项组中的"页边距"按钮，选择"自定义页边距"，打开"页面设置"对话框，将上下边距改为 2.5，左右边距改为 2.0，居中方式为水平、垂直，如图 4-82 所示。

图 4-81　"删除确认"对话框　　　　　　图 4-82　设置"页边距"

2. 纸张方向

在"页面布局"选项卡的"页面设置"选项组中，单击"纸张方向"按钮，选择"横向"，如图 4-83 所示，也可在"页面设置"对话框的"页面"选项卡中选择。

3. 页眉/页脚

在"页面布局"选项卡的"页面设置"选项组中，单击选项组面板右下角的小箭头，打开"页面设置"对话框。切换到"页眉/页脚"选项卡，分别单击"自定义页眉"按钮、"自定义页脚"按钮，如图 4-84 所示。

图 4-83 纸张方向　　　　　　　　图 4-84 "页眉/页脚"选项卡

分别打开"页眉"对话框，在"左"文本框中输入"2021 级学生成绩登记表"，设置字体为楷体、大小为 12、字形为加粗；"页脚"对话框，在"中"文本框输入"第一页"，设置字体为宋体、大小为 14、居中，如图 4-85 所示。

图 4-85 页眉与页脚设置

4. 预览并打印

在设置了有关选项并预览工作表，对效果满意后，就可以打印工作表了，结果如图 4-86 所示。

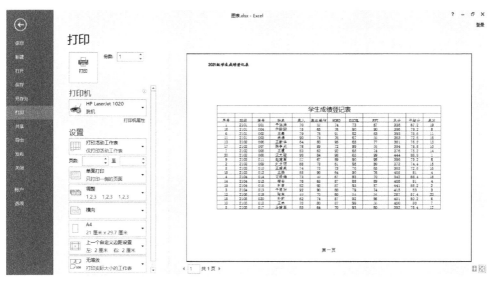

图 4-86   打印预览

实验操作 1   工作表的创建与基本操作

【实验目的】

1. 掌握启动和退出 Excel 2016 的各种方法，掌握工作簿的创建、打开、保存和关闭。

2. 熟练掌握工作表中各种数据类型的输入方法和技巧，包括文本、数字、日期/时间、公式和函数、批注等。

【相关知识】

1. 了解 Excel 2016 的各功能区与选项卡。

2. 熟悉 Excel 2016 文档的创建、打开与保存方法。保存文档注意三要素：保存位置、文件名和保存类型。

3. 区别工作簿、工作表、单元格与单元格区域。

4. 单元格的选取：

1）单个：直接单击或"编辑"→"定位"。

2）多个连续：鼠标拖拽或配合"Shift"键操作。

3）多个不连续：配合"Ctrl"键操作。

4）行选取：单击行号。

5）列选取：单击列标。

5. 数据的输入。

1）文本输入（包括汉字、英文字母、数字、空格等键盘键入的字符），默认左对齐。

2）数值输入（包括 0~9、+、-、E、e、¥、% 等），默认右对齐。

3）日期输入（方法："Ctrl + 分号"）。

4）时间输入（方法："Ctrl + Shift + 分号"）。

6. 自动输入。

1）纯字符或数字的自动填充（相当于复制）。

2）字符与数字混合（自动变化，如 A2）。

3）预设填充（操作方法："文件"→"选项"→"高级"→"常规"→"编辑自定义列表"）。

7. 产生序列（操作方法："开始"→"编辑"→"填充"→"序列"）。

【实验内容及步骤】

新建一个工作簿，输入如图 4-87 所示内容，将该工作簿保存为"EXCEL 实验 1. xlsx"。

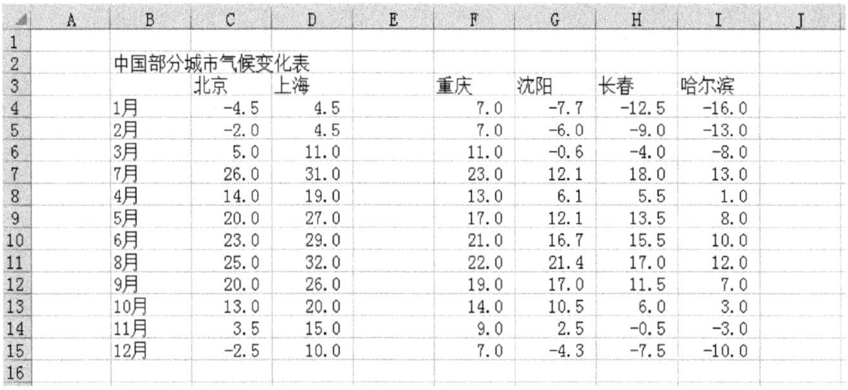

	A	B	C	D	E	F	G	H	I	J
1										
2		中国部分城市气候变化表								
3			北京	上海		重庆	沈阳	长春	哈尔滨	
4		1月	-4.5	4.5		7.0	-7.7	-12.5	-16.0	
5		2月	-2.0	4.5		7.0	-6.0	-9.0	-13.0	
6		3月	5.0	11.0		11.0	-0.6	-4.0	-8.0	
7		7月	26.0	31.0		23.0	12.1	18.0	13.0	
8		4月	14.0	19.0		13.0	6.1	5.5	1.0	
9		5月	20.0	27.0		17.0	12.1	13.5	8.0	
10		6月	23.0	29.0		21.0	16.7	15.5	10.0	
11		8月	25.0	32.0		22.0	21.4	17.0	12.0	
12		9月	20.0	26.0		19.0	17.0	11.5	7.0	
13		10月	13.0	20.0		14.0	10.5	6.0	3.0	
14		11月	3.5	15.0		9.0	2.5	-0.5	-3.0	
15		12月	-2.5	10.0		7.0	-4.3	-7.5	-10.0	
16										

图 4-87 实验 1 输入内容

1. 输入表格标题。

具体操作方法：启动 Excel 2016，选中 B2 单元格，输入标题内容"中国部分城市气候变化表"。

2. 输入月份。

具体操作方法：选中 B4 单元格，输入"1月"，选定的这个单元格右下角会显示一个黑色小方块，这个小方块就是"填充柄"。使光标对齐填充柄时，光标将变为黑色十字形，如图 4-88 所示，按住鼠标左键向下拖动至出现 12 月时松开鼠标，会出现智能标记，如图 4-89 所示。

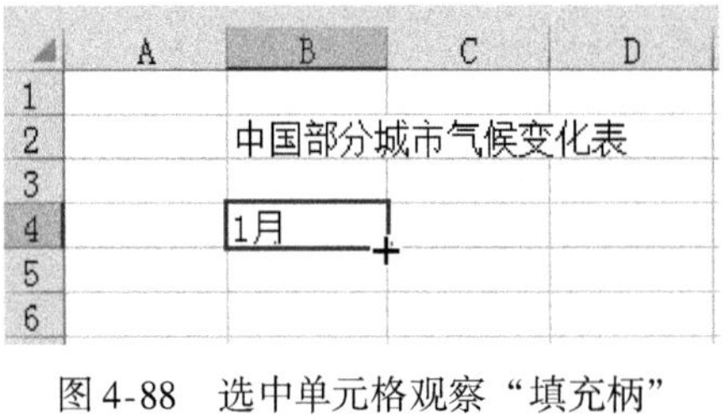

图 4-88 选中单元格观察"填充柄"

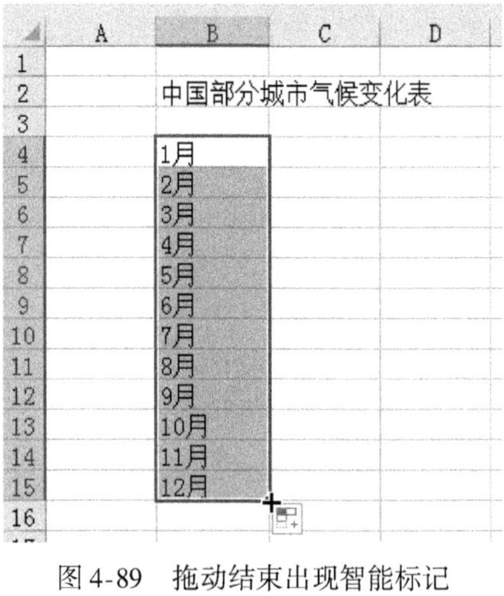

图 4-89 拖动结束出现智能标记

3. 输入城市名称。

具体操作方法：选中 C3 单元格，输入"北京"按"Tab"键，将单元格向右移动至 D3，按照样文依次在 D3、F3、G3、H3、I3 中输入上海、重庆、沈阳、长春、哈尔滨。

4. 输入温度数据。

具体操作方法：先观察样文，发现温度数值保留一位小数，并且温度有零上、零下，因此在输入温度前可提前设置单元格的数字格式。

选中 C4:I15 单元格区域，单击"开始"选项卡中"字体"选项组的右下角小箭头，打开"设置单元格格式"对话框，选择"数字"选项卡，设置数据类型和小数位数及负数表示形式，如图 4-90 所示。输入数据时，"5.0"可直接输入"5"，"–2.0"可直接输入"–2"。

图 4-90 "设置单元格格式"对话框

5. 保存工作簿。

具体操作方法：单击"保存"按钮，将工作簿名称命名为"EXCEL 实验 1. xlsx"。

实验操作 2 工作表的格式化

【实验目的】

掌握工作表的排版、格式设置等操作，使工作表美观易读。

【相关知识】

1. 插入单元格、行、列。

2. 设置行高、列宽。

3. 工作表的格式设置（如数字形式、对齐方式、字体、边框、底纹等）。

4. 掌握工作表的删除（不可恢复）、插入、重命名。

5. 复制、移动工作表。

1）同一工作簿下：直接用鼠标拖动。

2）不同工作簿下：需同时打开要操作的两个工作簿。

【实验内容及步骤】

打开"EXCEL 实验 1. xlsx"，按步骤设置工作表，最终效果如图 4-91 所示。

题目要求：

1. 设置工作表行、列。

（1）在标题行下方插入一行，行高为 8。

（2）将"哈尔滨"一列移至"长春"一列的左侧。

（3）删除"E"列（空列）。

2. 设置单元格格式。

（1）将单元格区域 B2：H2 合

部分城市天气变化情况					
北京	上海	重庆	沈阳	哈尔滨	长春
1月	-4.5	4.5	7.0	-7.7	-16.0	-12.5
2月	-2.0	4.5	7.0	-6.0	-13.0	-9.0
3月	5.0	11.0	11.0	-0.6	-8.0	-4.0
4月	23.0	29.0	21.0	16.7	10.0	15.5
5月	14.0	19.0	13.0	6.1	1.0	5.5
6月	20.0	27.0	17.0	12.1	8.0	13.5
7月	26.0	31.0	23.0	12.1	13.0	18.0
8月	25.0	32.0	22.0	21.4	12.0	17.0
9月	20.0	26.0	19.0	17.0	7.0	11.5
10月	13.0	20.0	14.0	10.5	3.0	6.0
11月	3.5	15.0	9.0	2.5	-3.0	-0.5
12月	-2.5	10.0	7.0	-4.3	-10.0	-7.5

图 4-91　实验 2 效果样文

并及居中；设置字体为黑体，字号为 16，颜色为"标准色 – 蓝色"，底纹为"标准色 – 橙色"。

（2）将单元格区域 B4：H4 的对齐方式设置为水平居中，底纹设置为"主题颜色 – 橄榄色（淡色 60%）"。

（3）将单元格区域 B5：B16 的对齐方式设置为水平居中，底纹设置为"主题颜色 – 橙色（淡色 60%）"。

（4）将单元格区域 C5：H16 的底纹设置为"标准色 – 浅绿"。

3. 设置表格边框线：将单元格区域 B4：H16 的外框线设置为"标准色 – 深蓝色"的粗实线，内部框线设置为"标准色 – 深蓝色"的细实线。

4. 定义单元格名称：将"部分城市天气变化情况"所在单元格的名称定义为"气候变化"。

5. 插入批注：为"26.0"（C11）单元格插入批注"北京市全年最高平均气温"。

6. 条件格式设置：将单元格区域 C5：H16 中，低于 0 的数据设置为斜体并将字体颜色设置为"标准色 – 红色"。

7. 重命名并复制工作表：将 Sheet1 工作表重命名为"城市气候变化表"，并将此工作表复制到 Sheet2 工作表中。

8. 保存工作簿。

操作步骤：

1. 设置工作表行、列。

（1）在标题行下方插入一行，行高为 8。

具体操作方法：选中第 3 行单击鼠标右键，弹出快捷菜单，选择"插入"命令，就会在选中这一行的上方插入一行，如图 4-92 所示。

选中第 3 行（此时的第 3 行为插入的空白行）单击鼠标右键，弹出快捷菜单，选择"行高"命令，出现"行高"对话框，在文本框中输入"8"，单击"确定"按钮，如图 4-93 所示。

图 4-92　插入一行

图 4-93　设置行高

（2）将"哈尔滨"一列移至"长春"一列的左侧。

具体操作方法：选中"哈尔滨"所在的第 I 列，单击鼠标右键，弹出快捷菜单，选择"剪切"命令，再选中"长春"所在的第 H 列，单击鼠标右键，弹出快捷菜单，选择"插入剪切的单元格"命令，就会将"哈尔滨"一列移至选中的"长春"一列的左侧即"沈阳"一列的右侧，如图 4-94 所示。

（3）删除"E"列（空列）。

具体操作方法：选中"E"列，单击鼠标右键，弹出快捷菜单，选择"删除"命令。

2. 设置单元格格式。

（1）将单元格区域 B2:H2 合并及居中；设置字体为黑体，字号为 16，颜色为"标准色 – 蓝色"，底纹为"标准色 – 橙色"。

具体操作方法：选中 B2:H2 单元格区域，在"开始"选项卡的"对齐方式"选项组中，单击"合并后居中"按钮 合并后居中 ▾，在"字体"选项组中按要求依次选择字体、字号、字体颜色和填充颜色。

（2）将单元格区域 B4:H4 的对齐方式设置为水平居中，底纹设置为"主题颜色 – 橄榄色（淡色 60%）"。

▲	A	B	C	D	E	F	G	H	I	T
1										
2		部分城市天气变化情况								
3										
4			北京	上海		重庆	沈阳	长春		
5		1月	-4.5	4.5		7.0	-7.7			
6		2月	-2.0	4.5		7.0	-6.0			
7		3月	5.0	11.0		11.0	-0.6			
8		7月	26.0	31.0		23.0	12.1			
9		4月	14.0	19.0		13.0	6.1			
10		5月	20.0	27.0		17.0	12.1			
11		6月	23.0	29.0		21.0	16.7			
12		8月	25.0	32.0		22.0	21.4			
13		9月	20.0	26.0		19.0	17.0			
14		10月	13.0	20.0		14.0	10.5			
15		11月	3.5	15.0		9.0	2.5			
16		12月	-2.5	10.0		7.0	-4.3			
17										
18										

右键菜单：
- ✂ 剪切(T)
- 复制(C)
- 粘贴选项：
- 选择性粘贴(S)...
- 插入剪切的单元格(E)
- 删除(D)
- 清除内容(N)
- 设置单元格格式(F)...
- 列宽(C)...
- 隐藏(H)
- 取消隐藏(U)

图 4-94　插入剪切的单元格

具体操作方法：选中 B4:H4 单元格区域，在"对齐方式"选项组中选择"居中"，在"字体"选项组内按要求选择"填充颜色"为 60% 的主题颜色 – 橄榄色。

（3）将单元格区域 B5:B16 的对齐方式设置为水平居中，底纹设置为"主题颜色 – 橙色（淡色 60%）"。

具体操作方法：选中 B5:B16 单元格区域，在"对齐方式"选项组内选择"居中"，在"字体"选项组内按要求选择"填充颜色"为 60% 的主题颜色 – 橙色。

（4）将单元格区域 C5:H16 的底纹设置为"标准色 – 浅绿"。

具体操作方法：选中 C5:H16 单元格区域，在"字体"选项组内按要求选择"填充颜色"为"标准色 – 浅绿"。

3. 设置表格边框线：将单元格区域 B4:H16 的外框线设置为"标准色 – 深蓝色"的粗实线，内部框线设置为"标准色 – 深蓝色"的细实线。

具体操作方法：选中 B4:H16 单元格区域，单击"字体"选项组的"边框"按钮右侧的小箭头，在展开的下列表中选择"其他边框"，打开"设置单元格格式"对话框，先选择"线条样式"为粗实线，再选择"线条颜色"为"标准色 – 深蓝色"，最后单击"预置"外边框；选择"线条样式"为细实线，再选择"线条颜色"为"标准色 – 深蓝色"，最后单击"预置"内部，如图 4-95 所示。

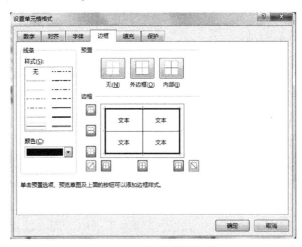

图 4-95　设置表格边框线

4. 定义单元格名称：将"部分城市天气变化情况"所在单元格的名称定义为"气候变化"。

具体操作方法：选中"部分城市天气变化情况"所在单元格，选择"公式"选项卡中"定义名称"命令。打开"新建名称"对话框，在名称文本框中输入"气候变化"，单击"确定"按钮，名称框显示为"气候变化"，如图 4-96 所示。

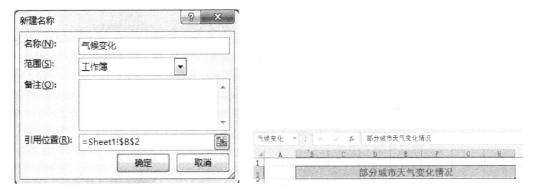

图 4-96 定义单元格名称

5. 插入批注：为"26.0"（C11）单元格插入批注"北京市全年最高平均气温"。

具体操作方法：选中"C11"单元格，选择"审阅"选项卡，在"批注"选项组单击"新建批注"命令，在文本框中输入"北京市全年最高平均气温"，如图 4-97 所示。

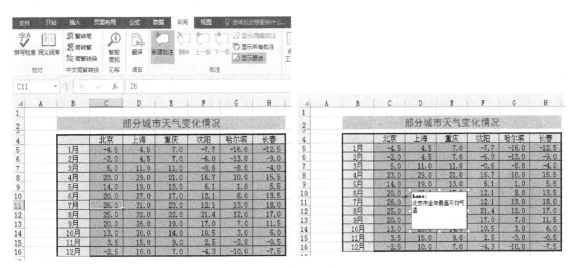

图 4-97 插入批注

6. 条件格式设置：将单元格区域 C5：H16 中，低于 0 的数据设置为斜体并将字体颜色设置为"标准色 – 红色"。

具体操作方法：选中 C5：H16 单元格区域，在"开始"选项卡的"样式"选项组中，单击"条件格式"→"突出显示单元格规则"→"小于"，如图 4-98 所示。

打开"小于"对话框，文本框中输入"0"，在"设置为"下拉列表中单击"自定义格式"，打开"设置单元格格式"对话框，设置字形为"倾斜"，颜色为"标准色 – 红色"，如图 4-99 所示。

图 4-98　设置数据的"条件格式"

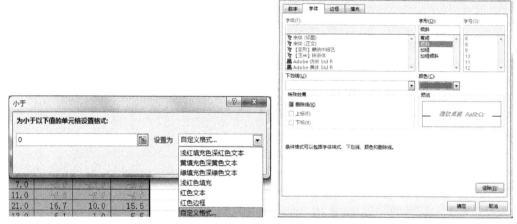

图 4-99　自定义格式

7. 重命名并复制工作表：将 Sheet1 工作表重命名为"城市气候变化表"，并将此工作表复制到 Sheet2 工作表中。

具体操作方法：双击工作表标签 **Sheet1**，输入"城市气候变化表"，如图 4-100 所示。

图 4-100　重命名工作表

按"Ctrl + A"组合键选中表格全部内容，单击鼠标右键，弹出快捷菜单，选择"复制"命令，单击"Sheet2"工作表标签，按"Ctrl + A"组合键选中表格全部内容，单击鼠标右键，弹出右键快捷菜单，选择"插入复制的单元格"命令，将工作表内容复制到 Sheet2。(可用多种方法完成，注意数据与格式是否都复制了。)

8. 保存工作簿。

具体操作方法：单击"文件"选项卡，将工作簿另存为"EXCEL 实验 2. xlsx"。

实验操作3 创 建 图 表

【实验目的】

掌握图表的建立、编辑、格式设置等操作。

【相关知识】

创建图表、编辑图表。

【实验内容及步骤】

建立图表，使用各城市的全年平均气温，创建一个带有数据标记的折线图，结果如图 4-101 所示。

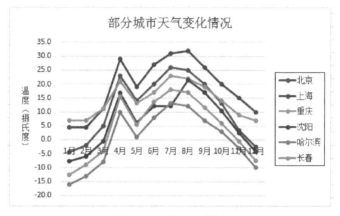

图 4-101 实验 3 样图

操作步骤：

1. 打开"EXCEL 实验 2. xlsx"，在"插入"选项卡的"图标"选项组中，单击"折线图"按钮，选择"带数据标记的折线图"，如图 4-102 所示。

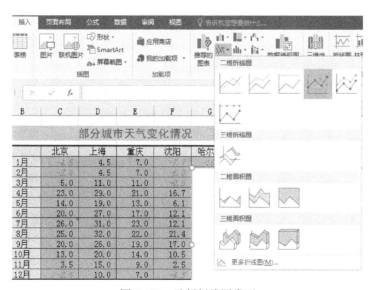

图 4-102 选择折线图类型

2. 此时出现的图表如图4-103所示，与样图相比，一是没有图表标题和坐标轴标题，二是图例没有边框，三是纵坐标轴数据不符，因此需要对已经创建好的图表进行格式等相应的修改。

3. 单击选中图表，此时功能区中会出现图表相应的上下文选项卡，即"设计"和"格式"选项卡，可以在其中进行调整。

（1）默认的"图表布局"正是标题在图表的上方，所以在图表标题处修改标题内容为"部分城市天气变化情况"，如图4-104所示。

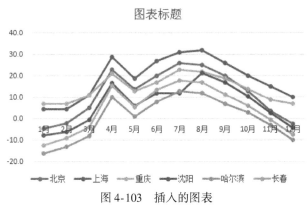

图 4-103　插入的图表

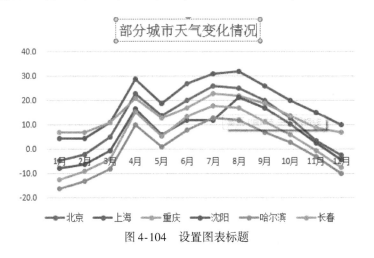

图 4-104　设置图表标题

（2）在"设计"选项卡的"图表布局"选项组中，单击"添加图表元素"按钮，选择"轴标题"→"主要纵坐标轴"，图表中会出现纵坐标轴文本框，在图表纵坐标轴文本框中输入"温度（摄氏度）"，如图4-105所示。

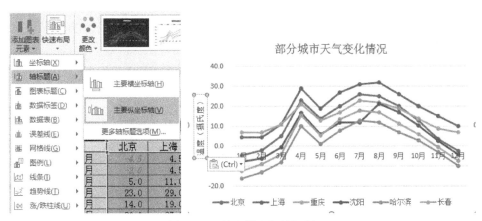

图 4-105　输入纵坐标轴标题

此时与样文中所示的文字方向不符，右键单击纵坐标轴文本框，在弹出的快捷菜单中选择"设置坐标轴标题格式"，在窗体右侧打开"设置坐标轴标题格式"窗格。切换到"大小与属性"标签下，在"文字方向"下拉列表中选择"竖排"，如图 4-106 所示。

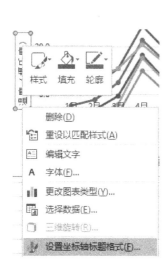

图 4-106   设置坐标轴标题格式

4. 选中图例，右键单击图例，在弹出的快捷菜单中选择"设置图例格式"，窗体右侧出现"设置图例格式"窗格。将"图例位置"设置为"靠右"，如图 4-107 所示。切换到"填充与线条"标签下，将边框设置为实线、黑色，如图 4-108 所示。

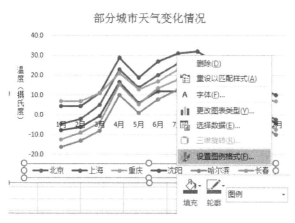

图 4-107   设置图例位置

5. 右键单击纵坐标轴，在弹出的快捷菜单中选择"设置坐标轴格式"，右侧出现"设置坐标轴格式"窗格，在"坐标轴选项"中，将最大值改为"35"，主要刻度单位改为"5"，如图 4-109 所示。关闭窗格。

图4-108   设置图例边框

图4-109   设置坐标轴格式

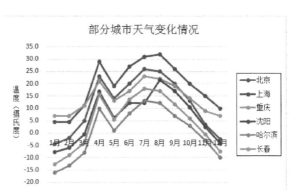

6. 将工作簿名称命名为"EXCEL实验3. xlsx"。

实验操作4   文档编排与打印

【实验目的】

掌握工作表页面设置、打印标题行、页眉/页脚的设置等。

【相关知识】

1. 页面设置：设置页面、页边距、页眉/页脚和工作表等。

2. 打印预览：查看打印效果与设置页面、页边距等。

3. 打印：打印设置及工作表的打印等。

【实验内容及步骤】

将表格设置为横向，水平对齐，并设置打印内容水平居中、页眉输入"部分城市天气变化情况"左对齐，页脚中插入页码，设置表格的标题为打印标题。打印预览如图 4-110 所示。

部分城市天气变化情况

	北京	上海	重庆	沈阳	哈尔滨	长春
1月	-4.0	4.5	7.0	-7.9	-16.0	-12.8
2月	-2.0	4.5	7.0	-6.0	-13.0	-9.0
3月	5.0	11.0	11.0	-0.6	-6.0	-4.0
4月	23.0	29.0	21.0	16.7	10.0	15.5
5月	14.0	19.0	13.0	6.1	1.0	5.5
6月	20.0	27.0	17.0	12.1	8.0	13.5
7月	26.0	31.0	23.0	12.1	13.0	18.0
8月	25.0	32.0	22.0	21.4	12.0	17.0
9月	20.0	26.0	19.0	17.0	7.0	11.5
10月	13.0	20.0	14.0	10.5	3.0	6.0
11月	3.5	15.0	9.0	2.5	-3.0	-0.5
12月	-3.5	10.0	7.0	-4.3	-10.0	-7.5

图 4-110　实验 4 样图

操作步骤：

1. 单击"文件"选项卡，选择"打印"命令，单击打印窗格右下角"页面设置"，如图 4-111 所示。

2. 打开"页面设置"对话框，在"页面"选项卡中，设置工作表为"横向"，如图 4-112 所示。

3. 在"页面设置"对话框，切换到"页边距"选项卡，左下角"居中方式"选择"水平"，如图 4-113 所示。

4. 在"页面设置"对话框，单击"页眉/页脚"选项卡，分别单击"自定义页眉""自定义页脚"按钮，分别在"页眉"对话框的"左"文本框中输入"部分城市天气变化情况"，在"页脚"对话框的"中"文本框中插入页码，如图 4-114 所示。

5. 单击"页面布局"选项卡，在"页面设置"选项组中单击"打印标题"按钮，打开"页面设置"对话框，单击"工作表"选项卡，如图 4-115 所示。

图 4-111　"打印"命令的显示界面

图 4-112　设置页面方向

图 4-113　设置页边距

图 4-114　设置页眉和页脚

图 4-115　"工作表"选项卡

单击"顶端标题行"右侧折叠对话框按钮，在工作表中选择第 2~4 行，返回后单击"确定"按钮，如图 4-116 所示。

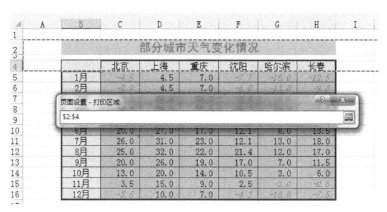

图 4-116　折叠对话框选择标题行

6. 保存文件。

习　题　4

【选择题】

1. 在 Excel 2016 中的工作簿指的是（　　）。

A. 一本书　　　　　　　　　　　　　B. 一种记录方式

C. Excel 的文件　　　　　　　　　　D. Excel 的归档方法

2. 在 Excel 的单元格中（　　）。

A. 只能包含数字　　　　　　　　　　B. 可以是数字、字符、公式等

C. 只能包含文字　　　　　　　　　　D. 以上都不对

3. 要查找的工作表标签不在显示中时，想找到所需的工作表标签，应用鼠标（　　）。

A. 单击工作表标签　　　　　　　　　B. 双击工作表标签

C. 移动屏幕右下方的水平滚动条　　　D. 单击工作表标签左侧的控制钮

4. 在 Excel 中，下列是工作表列标的是（　　）。

A. 1，2，3　　　　B. A，B，C　　　　C. 甲，乙，丙　　　　D. 一，二，三

5. 在 Excel 中，第二行第四列的单元格位置表示为（　　）。

A. 42　　　　　　B. 24　　　　　　　C. D2　　　　　　　D. B2

6. 在 Excel 工作表中，在单元格 A2 中输入（　　）会使单元格 A2 显示 0.2。

A. 1/5　　　　　　B. "1/5"　　　　　C. ="1/5"　　　　　D. =1/5

7. 在单元格中输入分数"4/5"，输入方法是（　　）。

A. 先输入"0"及一个空格，然后输入"4/5"　　B. 直接输入"4/5"

C. 先输入一个单引号（'），然后输入 =4/5　　D. 直接输入"5/4"

8. 如果要输入当前日期，应按（　　）。

A. Ctrl + ;　　　　　B. Ctrl + '　　　　　C. Ctrl + ,　　　　　D. Ctrl + .

9. 在 Excel 中，若想输入 100 得到 ￥100.00，应设置单元格格式为（　　）。

A. "数字"选项卡中的"货币"

B. "字体"选项卡中的"字形"

C. "数字"选项卡中的"科学计数"

D. "对齐"选项卡中的"文本控制"

10. 在 Excel 中,数值型数据默认的对齐方式是( )。

A. 左对齐   B. 右对齐   C. 居中对齐   D. 两端对齐

11. 在 Excel 中,删除已设置的格式是通过( )。

A. "开始"选项卡→"单元格"选项组→"删除"命令

B. 按"Delete"键

C. "开始"选项卡→"编辑"选项组→"清除"→"清除格式"命令

D. 单击"剪切"按钮

12. "公式"选项卡的"函数库"选项组中用于对数据自动求和的按钮是( )。

A. $\sum$ B. fx C. $\frac{A}{Z}\downarrow$ D. 目

13. 复制时,公式中会发生相应变化的是( )。

A. 运算符   B. 绝对地址引用   C. 混合地址引用   D. 函数应用

14. 在进行分类求和之前,要先按关键字进行的操作是( ),

A. 命名   B. 求和   C. 筛选   D. 排序

15. Excel 工作簿既有工作表又有图表,当执行保存操作时( )。

A. 只保存了其中的工作表

B. 只保存了其中的图表

C. 将工作表和图表保存到一个文件中

D. 将工作表和图表保存到两个文件中

【填空题】

1. 在 Excel 中,默认工作表的名称为_____。

2. 单元格 F6 位于第_____行,第_____列。

3. 单元格区域 B3:E5 表示_____的矩形单元格区域。

4. 单元格区域(A1:B4,D3)包括的单元格数目是_____。

5. 在 Excel 中,工作表行列交叉的位置称为_____。

6. 在单元格中输入电话号码区号"0531"时,应输入_____。

7. 输入分数时应在分数前面输入_____。

8. 输入"(123)",单元格中显示的是_____。

9. 在 Excel 中,_____可以快速为表格设置格式,达到即节省时间,又美化表格的功能。

10. Excel 工作表中若插入一列,这一列位于选定列的_____侧,插入一行,这一行位于选定行的_____方。

11. 设置列宽为刚好容纳该列最多的字符,应选择"开始"选项卡→"单元格"选项组→"格式"命令,在下拉列表中选择_____命令。

12. 在 Excel 中,单元格内输入文字默认的对齐方式是_____。

13. Excel 中表达式B3 的含义是_____。

14. 在 Excel 中,单击_____选中一整行,单击_____选中一整列。

15. 在 Excel 中，单元格中出现"#####"，出错的原因是_____。

16. 在单元格中输入公式"=6＜＞4"，则 A1 显示结果是_____。

17. 在 Excel 中，若在某单元格插入函数 SUM（D2：D4），该函数中对单元格的引用属于_____。

18. 使用"多关键字"排序时，应选择"数据"选项卡→"排序和筛选"选项组的_____命令。

19. Excel 2016 的筛选功能包括筛选和_____。

20. 对数据分类汇总时，应在分类汇总之前按分类的字段对数据_____。

【判断题】

（　　）1. 打开一个 Excel 文件就是打开一张工作表。

（　　）2. Excel 2016 中不能选择不相邻的单元格区域。

（　　）3. 默认状态下，文本的水平对齐格式为"左对齐"。

（　　）4. 在 Excel 工作表中，选定某单元格，单击右键，在弹出的快捷菜单中选择"删除"命令，不能删除该列。

（　　）5. 可以在活动单元格和数据的编辑栏删除数据。

（　　）6. 在 Excel 中，列标"Z"之后的列标是"AA"。

（　　）7. 在 Excel 所选单元格中创建公式，首先应输入"："。

（　　）8. 双击行号的下边格线，可以设置行高为刚好容纳该行最高的字符。

（　　）9. 在 Excel 中，选中了某个有数据的单元格，按下"Delete"键，数据被删除，其单元格的格式被保留。

（　　）10. 自动筛选功能就是将不满足条件的数据删除，只保留需要的数据。

【简答题】

1. 什么是工作簿、单元格？

2. 什么是 Excel 的相对引用、绝对引用和混合引用？

3. 如何在 Excel 单元格 A1～A10 中，快速输入等差数列 3，7，11，15，…，试写出操作步骤。

4. 常用的图表类型有哪些？

项目5

演示文稿制作软件——PowerPoint 2016

【项目导读】

演示文稿正成为人们工作生活的重要组成部分，广泛应用在工作汇报、企业宣传、产品推介、婚礼庆典、项目竞标、管理咨询等各个领域。PowerPoint 2016 是制作幻灯片演示文稿的软件，是 Microsoft Office 2016 组件之一，帮助人们利用各种素材（文字、图形、图像、声音、动画、视频等）制作专业水准的幻灯片。幻灯片演示文稿具有多种播放方式、动画效果功能，使得演示文稿更加多姿多彩，具艺术表现力，为人们传播信息、扩大交流提供了极为方便的手段。

【学习目标】

1. 掌握 Microsoft PowerPoint 2016 演示文稿的基本操作。
2. 掌握演示文稿的修饰、超级链接操作。
3. 掌握幻灯片动画设置。
4. 掌握幻灯片切换方式。

5.1 演示文稿制作基础

5.1.1 演示文稿的启动、保存与退出

1. 启动

单击"开始"按钮，若近期使用过该程序会直接显示在"开始"菜单中，若首次打开演示文稿，需单击"所有程序"，找到"Microsoft Office"，选择"Microsoft PowerPoint"选项，如图 5-1 所示。

图 5-1 通过"开始"菜单启动 Microsoft PowerPoint 2016

单击"空白演示文稿",创建一个空白的演示文稿,如图 5-2 所示。

图 5-2　创建空白演示文稿

打开 Microsoft PowerPoint 2016 的界面,如图 5-3 所示。

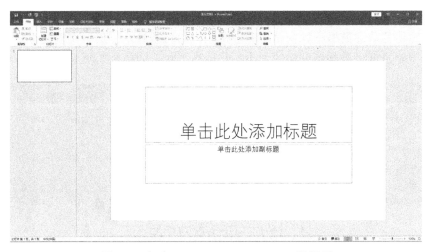

图 5-3　启动 Microsoft PowerPoint 2016 的界面

2. 演示文稿的保存

在"文件"选项卡中选择"保存"或"另存为"命令,如图 5-4 所示,单击"另存为"→"浏览"选项,打开"另存为"对话框,如图 5-5 所示,选择路径,输入文件名,单击"保存"按钮即可。若第一次单击"保存"命令,同样会打开"另存为"对话框。

3. 退出

方法 1:在"文件"选项卡中选择"关闭"命令。

方法 2:单击应用程序右上角的"关闭"按钮 ✕。

图 5-4　"另存为"命令

图 5-5　"另存为"对话框

5.1.2　认识工作界面

1. Microsoft PowerPoint 2016 视图模式

演示文稿提供了普通视图、大纲视图、幻灯片浏览视图、备注页视图和阅读视图等 5 种视图模式。

（1）普通视图　普通视图是 PowerPoint 2016 的默认视图模式，共包含大纲/幻灯片窗格、幻灯片窗格和备注窗格三种窗格。通过这些常用窗格可以对演示文稿的每页幻灯片进行操作。拖动窗格边框可调整各窗格的大小，普通视图状态如图 5-6 所示。

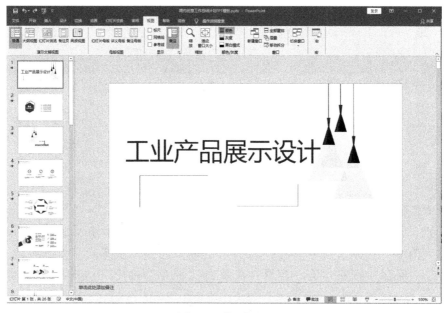

图 5-6　普通视图

界面左侧为大纲/幻灯片窗格，可显示演示文稿中所有幻灯片的缩略图，在其中操作可以快速浏览幻灯片的内容或编辑某一张幻灯片。

界面中面积最大的空白区域为幻灯片窗格，可以对文档进行具体的编辑，制作出一张张图文并茂的幻灯片。所有文本的输入、图形、声音、影片、动画和超级链接等的添加都在这里完成。

幻灯片下方是备注窗格，用来编辑幻灯片的"备注"文本，以便在放映幻灯片时作为参考。

（2）大纲视图　大纲视图含有大纲窗格、幻灯片窗格和备注窗格。界面左侧的大纲窗格中显示演示文稿的文本内容和组织结构，不显示图形、图像、图表等对象。

在大纲视图模式编辑演示文稿，可以调整各幻灯片的前后顺序；在一张幻灯片内可以调整标题的层次级别和前后次序；可以将某幻灯片的文本复制或移动到其他幻灯片中。大纲视图状态如图 5-7 所示。

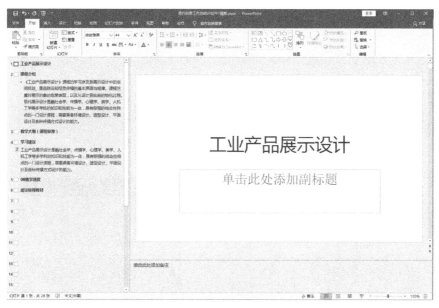

图 5-7　大纲视图

（3）幻灯片浏览视图　在幻灯片浏览视图中，可以在屏幕上同时看到演示文稿中的所有幻灯片，这些幻灯片是以缩略图的方式整齐地显示在同一窗口中。

在该视图中可以看到改变幻灯片的背景设计、配色方案或更换模板后文稿发生的整体变化，可以检查各个幻灯片是否前后协调、位置是否合适，也可以很容易地在幻灯片之间添加、删除或移动幻灯片的前后顺序，以及选择幻灯片之间的动画切换。幻灯片浏览视图状态如图 5-8 所示。

（4）备注页视图　备注页视图主要用于为演示文稿中的幻灯片添加备注内容或对备注内容进行编辑修改，在该视图模式下无法对幻灯片的内容进行编辑。

切换到备注页视图后，页面上方显示当前幻灯片的内容缩览图，下方显示备注内容占位符。单击该占位符，向占位符中输入内容，即可为幻灯片添加备注内容，如图 5-9 所示。

（5）阅读视图　阅读视图类似于幻灯片放映视图，但阅读视图不是全屏而是在窗口中播放，同时设有简单控件以控制阅读进度。阅读视图在幻灯片放映视图中并不是显示单个的静止画面，而是以动态的形式显示演示文稿中各个幻灯片。阅读视图是演示文稿的最后效果，所以当演示文稿创建到一个段落时，可以利用该视图来检查，从而可以对不满意的地方

图 5-8　幻灯片浏览视图

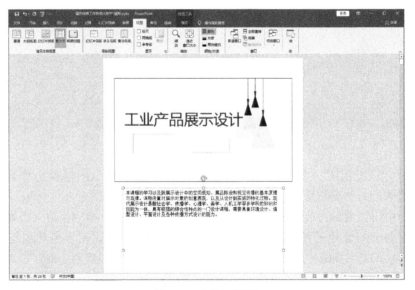

图 5-9　备注页视图

进行及时修改，阅读视图状态如图 5-10 所示。

2. 认识功能区

与其他 Office 软件类似，普通视图中 PowerPoint 功能区包括 9 个选项卡。

1）"文件"选项卡：主要包括信息、新建、打开、另存为、打印等功能，可创建新文件、打开或保存现有文件和打印演示文稿，如图 5-11 所示。

2）"开始"选项卡：主要包括新建幻灯片、字体、段落等，在此功能区可实现插入新幻灯片、将对象组合在一起以及设置幻灯片上的文本的格式，如图 5-12 所示。

图 5-10　阅读视图　　　　　　　　　　图 5-11　"文件"选项卡

图 5-12　"开始"选项卡

3）"插入"选项卡：可插入表格、图片、形状、图表、文本框、页眉和页脚等，如图 5-13 所示。

图 5-13　"插入"选项卡

4）"设计"选项卡：主要包括主题、幻灯片大小、设置背景格式等功能，使用"设计"选项卡可自定义演示文稿的背景、主题设计和颜色或页面信息等设置，如图 5-14 所示。

图 5-14　"设计"选项卡

5）"切换"选项卡：主要包括切换到此幻灯片、声音、换片方式等，使用"切换"选项卡可设置幻灯片的切换效果、切换声音以及切换时长等，如图 5-15 所示。

图 5-15　"切换"选项卡

6）"动画"选项卡：主要包括添加动画、动画窗格、计时等，使用"动画"选项卡可对幻灯片上的对象编辑动画效果、动画执行的时长等，如图5-16所示。

图5-16   "动画"选项卡

7）"幻灯片放映"选项卡：主要包括开始放映幻灯片、设置幻灯片放映、隐藏幻灯片等功能，使用"幻灯片放映"选项卡可进行幻灯片放映、自定义幻灯片放映、隐藏单个幻灯片等设置，如图5-17所示。

图5-17   "幻灯片放映"选项卡

8）"审阅"选项卡：主要包括校对、语言、批注、比较等功能，可检查拼写、更改演示文稿中的语言或比较当前演示文稿与其他演示文稿的差异，如图5-18所示。

图5-18   "审阅"选项卡

9）"视图"选项卡：主要包括演示文稿视图、母版视图、显示、显示比例、颜色/灰度、窗口等功能。可以查看幻灯片母版、备注母版、幻灯片浏览，还可以打开或关闭标尺、网格线和参考线等，如图5-19所示。

图5-19   "视图"选项卡

5.1.3　幻灯片的基本操作

对幻灯片进行操作前，要先选中将要操作的幻灯片，然后再进行操作。

1. 选择单张幻灯片

在"幻灯片窗格"中，鼠标左键单击相应幻灯片即可选中。

2. 选择连续多张幻灯片

在"幻灯片窗格"中，选中第一张幻灯片，按住键盘上的"Shift"键，单击最后一张幻灯片。

3. 选择非连续幻灯片

在"幻灯片窗格"中，按住键盘上的"Ctrl"键依次选择各张幻灯片。

4. 新建幻灯片

方法 1：在"开始"选项卡的"幻灯片"选项组中，单击"新建幻灯片"按钮，可直接新建一张幻灯片，若单击"新建幻灯片"右下角的下拉三角箭头，将展开幻灯片版式下拉列表，可根据需要选择，如图 5-20 所示。

图 5-20　新建幻灯片

方法 2：在"幻灯片窗格"中，在相应位置单击右键，在展开的快捷菜单中选择"新建幻灯片"命令，如图 5-21 所示。

方法 3：在"幻灯片窗格"相应位置，直接单击键盘上的"Enter"键。

5. 删除幻灯片

方法 1：在"幻灯片窗格"中，选中幻灯片单击鼠标右键，在快捷菜单中选择"删除幻灯片"命令，如图 5-22 所示。

方法 2：在"幻灯片窗格"中，选中幻灯片单击键盘上的"Backspace"键或"Delete"键。

图 5-21　新建幻灯片　　　　　　　　　　图 5-22　删除幻灯片

6. 在本文档内复制幻灯片

方法 1：在"幻灯片窗格"中，选中幻灯片单击鼠标右键，在快捷菜单中选择"复制幻灯片"命令，如图 5-23 所示，就会在选中幻灯片的后面复制一张幻灯片。

　　方法2：在"幻灯片窗格"中，鼠标左键拖动幻灯片移动，同时按下"Ctrl"键，光标右上角出现"＋"号，在目标位置释放鼠标即可完成复制。

　　方法3：使用组合键操作，"Ctrl + C"复制选中的幻灯片，"Ctrl + V"粘贴到目标位置。

　　7. 不同文档间复制幻灯片

　　在"幻灯片浏览窗格"中，选中幻灯片，使用"Ctrl + C"组合键复制选中的幻灯片，打开目标文档，定位到相应位置，使用"Ctrl + V"组合键粘贴到目标位置，就会在选中幻灯片的后面复制一张幻灯片。

　　8. 移动幻灯片

图 5-23　复制幻灯片

　　移动幻灯片与复制幻灯片方法类似。

　　方法1：在"幻灯片窗格"中，选中幻灯片，单击鼠标右键，在快捷菜单中选择"剪切"命令，在合适的位置，单击鼠标右键，在快捷菜单的"粘贴选项"命令中选择"粘贴"选项，就会在选中幻灯片的后面复制一张幻灯片。

　　方法2：鼠标左键直接拖动幻灯片，在目标位置释放鼠标，即可完成移动。

　　方法3：使用组合键操作，"Ctrl + X"组合键剪切选中的幻灯片，"Ctrl + V"组合键粘贴到目标位置。

5.2　幻灯片设计与美化

5.2.1　幻灯片中的文字

　　1. 输入文字

　　方法1：通过占位符输入文本，占位符是指幻灯片模板中还没有实际内容但先用方框或符号留出位置，如图 5-24 所示。

　　方法2：利用文本框输入文本，在"插入"选项卡的"文本"选项组中选择"文本框"命令，如图 5-25 所示。

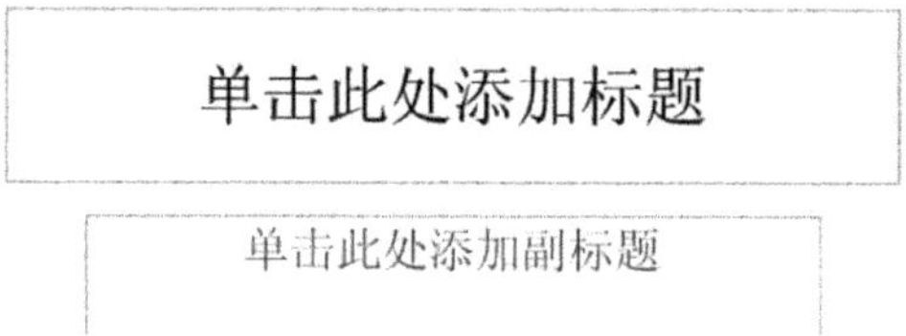

　　2. 调整文本框大小

　　方法1：选中文本框，当光标变为斜双向箭头时，按住鼠标左键直接拖动文本框控制点即可对其大小进行粗略调整。

单击此处添加标题

单击此处添加副标题

图 5-24　幻灯片占位符

　　方法2：选中文本框，功能区出现"格式"选项卡，在"大小"选项组中对高度、宽度进行数值的精确设置，如图 5-26 所示。

　　3. 设置文本框样式

　　默认情况下，文本框是无填充无边框的。选中文本框，有两种方法进行设置。

　　方法1：选中文本框，功能区出现"格式"选项卡，在"形状样式"选项组中有"形

图 5-25　插入文本框

状填充/形状轮廓/形状效果"选项，可以为文本框设置丰富的底纹、轮廓或投影效果，如图 5-27 所示。

图 5-26　设置文本框大小

图 5-27　文本框格式

方法 2：选中文本框，单击鼠标右键，在弹出的快捷菜单中选择"设置形状格式"，窗口右侧出现"设置形状格式"窗格，可在此处详细设置，如图 5-28 所示。

图 5-28　设置形状格式

4. 设置文本格式

PowerPoint 2016 的文本格式设置，同 Word 2016 操作。

选中目标文本，单击"开始"选项卡中的"字体"选项组右下角按钮，如图 5-29 所示，在打开的"字体"对话框中可以对文本进行更加详细的设置，如图 5-30 所示。

注意：对文本操作前要先选中要设置的文本再操作。

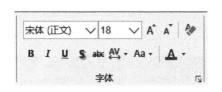

图 5-29　"字体"选项组

图 5-30　"字体"对话框

5. 设置段落格式

设置方法与效果与 Word 2016 基本相同。先选中文本，在"开始"选项卡的"段落"选项组中，选择相应的命令进行段落设置，如文本对齐方式、缩进、文字方向等，如图 5-31 所示。

图 5-31　开始"选项卡的"段落"选项组

6. 添加项目符号和编号

幻灯片中的文本若需要添加项目符号或编号，可以利用添加"项目符号"和"编号"命令使排版操作事半功倍。

方法同 Word 2016 的操作。单击"开始"选项卡，选择"段落"选项组中的"项目符号"或"编号"命令，如图 5-32 所示。

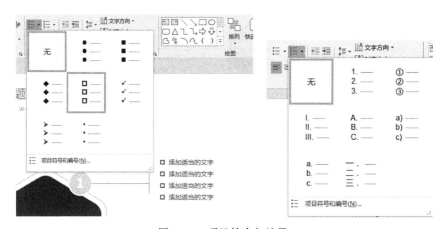

图 5-32　项目符合与编号

7. 插入艺术字

艺术字一般用于制作幻灯片标题，使文稿变得美观。

在"插入"选项卡的"文本"选项组中，选择"艺术字"命令，在展开的列表中选择一个样式，如图 5-33 所示。在"幻灯片窗格"里会出现一个文本框，提示"请在此放置您的文字"，如图 5-34 所示。

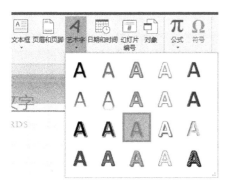

图 5-33　插入艺术字　　　　　　　　　　图 5-34　输入艺术字文本

插入艺术字后，就可进行美观设计了，可对艺术字进行很多设置，有形状填充、形状轮廓、形状效果、文本填充颜色、文本轮廓、文本效果、层叠方式、对齐方式，还有位置和大小等设置，如图 5-35 所示。

图 5-35　艺术字设计

选中刚才生成的艺术字，有两种方法进行设置。

方法 1：在"格式"选项卡的形状样式、艺术字样式、排列、大小等选项组中进行设置，如图 5-35 所示。

方法 2：单击鼠标右键，在快捷菜单中选择"设置形状格式"（或"大小和位置"）命令，在窗体右侧出现"设置形状格式"窗格，可在此进行具体设置，如图 5-36 所示。

5.2.2　幻灯片中的图形与图片

1. 在幻灯片里插入自选图形

PowerPoint 中提供了"形状"功能，灵活应用可以随心所欲地制作自己想要的各种形状，甚至 LOGO、校徽等，使幻灯片有更多选项和灵活性。这里了解基本的图形绘制。

在"插入"选项卡，选择"插图"选项组中的"形状"命令，选择形状后用鼠标在"幻灯片窗格"中拖出需要大小的形状，如图 5-37 所示。

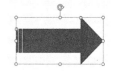

图 5-36　艺术字的"设置形状格式"窗格　　　　　图 5-37　绘制形状

（1）调整自选图形大小

方法1：选中自选图形，当光标变为双向箭头形状时，鼠标左键拖动控制点即可粗略调整其大小；单击功能区的"格式"选项卡，在"大小"选项组中，可按照需要调整形状高度/形状宽度（精确设置数值大小），如图5-38所示。

方法2：选中自选图形，右键快捷菜单中选择"设置形状格式"，打开"设置形状格式"窗格，在其中设置高度与宽度，如图5-39所示。

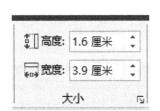

图5-38 在"大小"选项组中设置

图5-39 在"设置形状格式"窗格设置

（2）调整自选图形位置　选中自选图形，光标变为十字双向箭头时，按住鼠标左键直接拖动即可调整其位置。

2. 设置自选图形的样式

方法1：选中自选图形，在"格式"选项卡中的各选项组中可以具体设置形状的各种效果，如改变形状、形状填充、形状轮廓、形状效果等，如图5-40所示。

图5-40 设置图形格式

方法2：选中图形，单击鼠标右键，在弹出的快捷菜单中选择"设置形状格式"命令，则在幻灯片窗格右侧出现相应的设置面板，有丰富的选项可进行详细设置，如图5-39所示。

3. 为自选图形添加文本

在创建的图形中，可以继续绘制或改变图形，也可以为图形添加文字，增加幻灯片观赏效果。

选中自选图形，右键单击图形，在快捷菜单中选择"编辑文字"，即可在图形里添加文字，如图5-41所示。

4. 在幻灯片里插入图片

方法1：在"插入"选项卡的"图像"选项组中，单击"图片"按钮，打开"插入图片"对话框，如图5-42所示。

方法2：利用复制/粘贴方法插入图片。

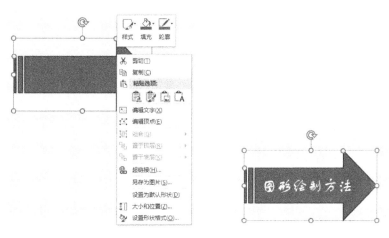

图5-41　编辑文字

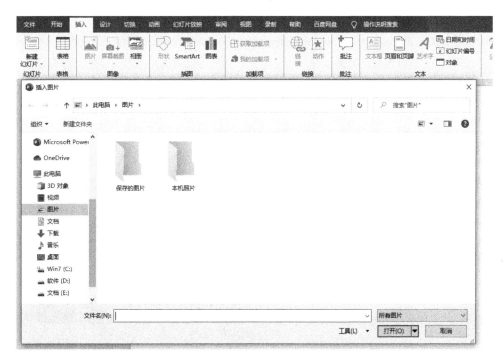

图5-42　"插入图片"对话框

（1）调整图片的大小

方法1：当光标变为双向箭头形状时，按住鼠标左键拖动图片控制点即可对其大小进行粗略调整。

方法2：选中图片，单击"格式"选项卡，在"大小"选项组中对高度/宽度可精确设置其数值，如图5-43所示。

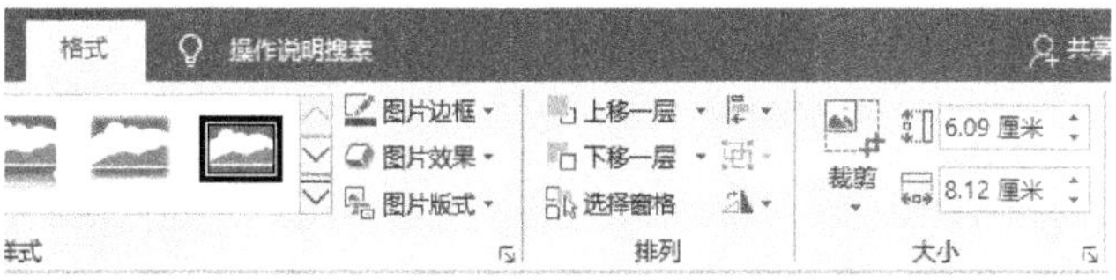

图5-43　设置图片大小

（2）调整图片位置　选中图片，当光标变为双向十字箭头形状时，按住鼠标左键直接拖动即可移动图片位置。

5. 设置图片的叠放次序

选中图片，单击"格式"选项卡，在"排列"选项组中单击上移一层（置于顶层）／下移一层（置于底层）可调整图片的叠放次序，如图 5-44 所示。

单击"选择窗格"按钮，在右侧的"选择"窗格中，可以对图片的可见性和叠放次序进行调整，如图 5-45 所示。

图 5-44　图片的叠放次序　　　　图 5-45　调整图片的可见性和叠放次序

6. 图片的裁剪

选中图片，单击"格式"选项卡，在"大小"选项组中单击"裁剪"按钮，可自由裁剪图片，或按照纵横比和形状裁剪图片，如图 5-46 所示。

7. 图片亮度和对比度调整

选中图片，单击"格式"选项卡，在"调整"选项组中，单击"校正"按钮，选择"亮度/对比度"，如图 5-47 所示。

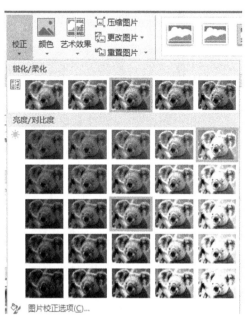

图 5-46　图片裁剪　　　　图 5-47　调整亮度和对比度

5.2.3　演示文稿的主题设计

主题设计是演示文稿中非常重要的部分。一个优秀的主题，能够让 PPT 显得非常精美，它具有强大快速的可更改性，如果对一个主题不满意，还可快速应用其他主题。

1. 设计主题

单击"设计"选项卡，在"主题"选项组中单击下拉按钮，可以看到 PowerPoint 2016 内置的丰富的预设主题效果，如图 5-48 所示。

图 5-48　演示文稿的"主题"设置

在"变体"选项组中，可以进一步调整主题的效果，在变体中的调整只局限于颜色、字体和效果等，不会改变原来的排版布局。

2. 设置背景

在"设计"选项卡中，单击"自定义"选项组中的"设置背景格式"按钮，幻灯片右侧出现"设置背景格式"窗格，填充组中可设置"纯色填充/渐变填充/图片或纹理填充/图案填充"等，如图 5-49 所示。

5.2.4　演示文稿中的超链接

在演示文稿中使用超链接，可以跳转到不同的位置，如跳转到演示文稿中某张幻灯片、其他演示文稿、Word 文档、Excel 表格或网上的某个地址等。

在幻灯片中建立超链接有两种常用方法。

1. 使用菜单的"超链接"命令

1）在幻灯片上选中要链接的文本。

2）单击"插入"选项卡→"链接"组→"超链接"

图 5-49　"设置背景格式"窗格

命令或单击鼠标右键，弹出快捷菜单，选择"超链接"命令，弹出如图 5-50 所示的"编辑超链接"对话框。

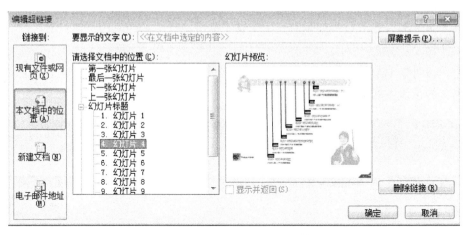

图 5-50 "编辑超链接"对话框

3）在"链接到"列表中选择要插入的超链接类型。若是链接到已有的文件或 Web 页上，则单击"现有文件或网页"图标；若要链接到当前演示文稿的某个幻灯片，则可单击"本文档中的位置"图标；若要链接一个新演示文稿，则单击"新建文档"图标；若要链接到电子邮件，可单击"电子邮件地址"图标。

4）在"要显示的文字"文本框中显示的是所选中的用于显示链接的文字，也可以更改。

5）单击"屏幕提示"按钮，弹出如图 5-51 所示的对话框，可以输入相应的提示信息，在放映幻灯片时，当鼠标指针指向该超链接时会出现提示信息。

6）完成各种设置后，单击"确定"按钮。

若要删除超链接，在"编辑超链接"对话框中，单击"删除链接"按钮，即可取消超链接。

2. 使用"动作"命令

1）在幻灯片中选定要建立超链接的文本。

2）单击"插入"选项卡→"链接"选项组→"动作"命令，弹出如图 5-52 所示的"动作设置"对话框。

图 5-51 "设置超链接屏幕提示"对话框   图 5-52 "动作设置"对话框

3）在对话框中，选定"超链接到"单选框，再单击下面设置框右边的下拉箭头，在打开的下拉列表中单击要超链接到的位置。单击"确定"按钮，完成超链接的建立。

若要删除超链接，则在"动作设置"对话框中选择"无动作"单选框，即可删除超链接。

5.2.5 音/视频处理

1. 插入音频

单击"插入"选项卡，在"媒体"选项组中单击"音频"按钮，打开"文件中的音频/剪贴画音频"命令，插入声音，如图 5-53 所示。

图 5-53 插入音频

2. 声音图标位置调整

选中声音图标，光标变为十字双向箭头时，按住左键直接拖动即可调整位置。

3. 设置音频文件

选中声音图标，在"格式"选项卡右边将出现"播放"选项卡，可在该选项卡中详细设置音频，如图 5-54 所示。

图 5-54 设置音频

4. 插入视频

可参照"音频"操作步骤。

5.3 动感幻灯片设计

一份好的演示文稿不光需要整齐的格式、精彩的文案和配图，有时一个动画也能产生非常棒的吸睛效果，使整个 PPT 更加灵动。

5.3.1 动画设置

1. 添加动画

选中要添加动画的文本或图片对象，单击"动画"选项卡，在"动画"选项组中有丰富的动画效果，如图 5-55 所示。单击"快翻"按钮，可以看到更多的动画效果，如图 5-56 所示，分为进入、强调、退出、动作路径几类效果。

图 5-55   "动画"选项卡

选择需要的效果，例如选择进入效果的"飞入"，会预览到选中对象的动画效果，接下来在动画效果右侧的"效果选项"中调整效果，如图 5-57 所示。

图 5-56   更多的动画效果

图 5-57   动画效果选项

2. 动画持续时间

选中设置动画的文本或图片对象，单击"动画"选项卡，在"计时"选项组中可设置"持续时间"，如图 5-58 所示。

3. 控制动画的开始方式

首先为各个对象设置好入场动画，选中对象，单击"动画"选项卡，在"计时"选项组的"开始"中可选择"单击时/与上一动画同时/上一动画之后"，如图 5-58 所示。

单击时：单击鼠标后开始动画。

与上一动画同时：与上一个动画同时呈现。

上一动画之后：上一个动画出现后自动呈现。

4. 删除动画

单击"高级动画"选项组中的"动画窗格"按钮，会在窗体右侧出现"动画窗格"。当前幻灯片内所有对象的动画设置都可以在此编辑。

选中要删除的动画对象，"动画窗格"中的动画对象列表中显示被选中状态，通过鼠标右键单击该项，或单击所选对象右侧的下三角按钮，会有关于该对象动画的具体设置，与选项组面板的功能一样。单击"删除"命令，即可删除该对象的动画效果，如图 5-59所示。

图 5-58　动画持续时间

图 5-59　删除动画

5.3.2　页面切换

演示文稿播放过程中，为幻灯片翻页时设置不同的切换效果，可以使页面看起来更加生动

1. 切换方式

选中幻灯片，单击"切换"选项卡，单击"切换到此幻灯片"选项组中的"快翻"按钮，如图 5-60 所示。

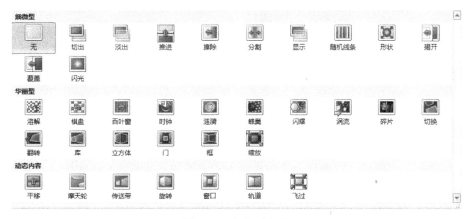

图 5-60　幻灯片切换

2. 切换音效及换片方式

选中幻灯片，单击"切换"选项卡，在"计时"选项组中可设置"声音/换片方式"，如图 5-61 所示。

如果想让整个演示文稿中的所有幻灯片页面切换都使用已设置的效果，单击"全部应用"按钮即可实现。

图 5-61　幻灯片切换音效及换片方式

5.4 演示文稿的放映与打印

5.4.1 幻灯片放映

1. 播放幻灯片

单击"幻灯片放映"选项卡，在"开始放映幻灯片"选项组中单击"从头开始"或"从当前幻灯片开始"命令，如图 5-62 所示。也可以按"F5"键或者"Shift + F5"组合键。

图 5-62 幻灯片放映

2. 自定义幻灯片放映

用户可以在演示文稿中选择一部分幻灯片来安排它们的放映顺序，打开"自定义放映"对话框，单击"新建"按钮，打开"定义自定义放映"对话框，用户在此对话框中选择所需要的幻灯片，再单击"添加"按钮，最后单击"确定"按钮，如图 5-63 所示。

图 5-63 自定义放映

3. 幻灯片的放映方式

演示文稿制作完成后，需选择合适的放映方式，添加一些特殊的播放效果，并控制好放映时间，才能得到满意的放映效果。单击"幻灯片放映"选项卡→"设置放映方式"命令，弹出如图 5-64 所示的"设置放映方式"对话框。在对话框中，可以设置放映类型、放映范围、换片方式等。

（1）放映类型设置　在"放映类型"选项中，有三种不同的放映方式。

演讲者放映（全屏幕）：这是一种默认放映方式，是由演讲者控制放映，可采用自动或人工方式放映，并且可全屏幕放映。在这种放映方式下，可以暂停演示文稿的播放，可在放映过程中录制旁白，还可以投影到大屏幕放映。

观众自行浏览（窗口）：是在小窗口中放映演示文稿，并提供一些对幻灯片的操作命令，如移动、复制、编辑和打印幻灯片，还显示"Web"工具栏。此种方式下，不能使用鼠标翻页，可以使用键盘上的翻页键。

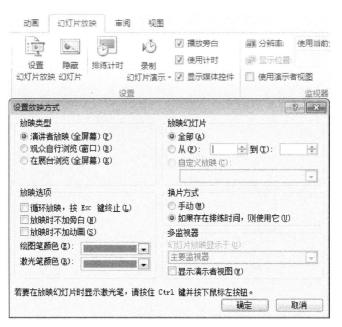

图 5-64　"设置放映方式"对话框

在展台浏览（全屏幕）：此方式可以自动运行演示文稿，并全屏幕放映幻灯片。自动放映过程结束后，会再重新开始放映。

（2）放映幻灯片设置　在放映幻灯片时，可以设置只播放部分幻灯片。以下是设置放映幻灯片放映范围的方法。

全部：从第一张幻灯片一直播放到最后一张幻灯片。

从……到……：从某个编号的幻灯片开始放映，直到放映到另一个编号的幻灯片结束。

自定义放映：在"自定义放映"扩展框中会列出所有已经自定义的放映名称，选择设置即可。

在对话框中设置播放范围后，幻灯片放映时，会按照设定的范围播放。

（3）放映选项设置　通过设置放映选项，可以选定幻灯片的放映特征。

循环放映，按"Esc"键终止：选择此复选框，放映完最后一张幻灯片后，将会再次从第一张幻灯片开始放映，若要终止放映，则按"Esc"键。

放映时不加旁白：选择此复选框，放映幻灯片时，将不播放幻灯片的旁白，但并不删除旁白。不选择此复选框，在放映幻灯片时将同时播放旁白。

放映时不加动画：选择此复选框，放映幻灯片时，将不播放幻灯片上的对象所加的动画效果，但动画效果并没删除。不选择此复选框，则在放映幻灯片时将同时播放动画。

绘图笔颜色：选择合适的绘图笔颜色，可在放映幻灯片时在幻灯片上书写文字。

（4）换片方式设置　幻灯片放映时的换片方式的设置方法。

手动：选择该单选按钮，可通过键盘按键或单击鼠标换片。

如果存在排练时间，则使用它：若给各幻灯片加了自动换片定时，则选择该单选按钮。

5.4.2　演示文稿的打印

演示文稿的打印类似于 Word 文档的打印，单击"文件"选项卡中的"打印"命令，可进行打印的详细设置，如图 5-65 所示。

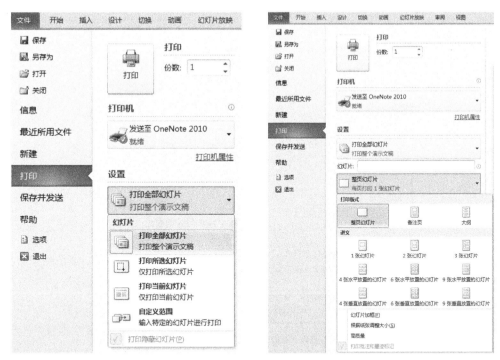

图 5-65 "打印"命令

实验操作 演示文稿应用

【实验内容及步骤】

打开演示文稿"演示文稿素材.pptx",按照题目要求进行操作,完成后第一页幻灯片效果如图 5-66 所示。

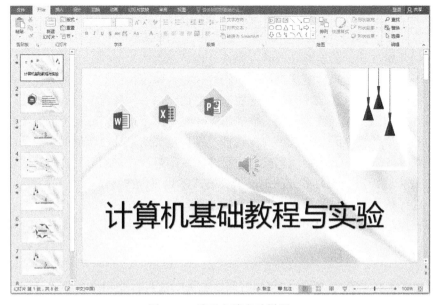

图 5-66 演示文稿实验样图

操作步骤：

1. 在演示文稿的第一页幻灯片，幻灯片版式设置为"空白"。

具体操作方法：

1）打开演示文稿"演示文稿素材.pptx"，在左侧大纲窗格，用鼠标选中第一张幻灯片。

2）在"开始"选项卡的"幻灯片"选项组中，单击"版式"下拉按钮，在展开的版式下拉列表中选择"空白"，如图 5-67 所示。

图 5-67　幻灯片版式

2. 将图片"bg.jpg"作为所有幻灯片的背景。

具体操作方法：

1）右键单击幻灯片空白处，在快捷菜单中选择"设置背景格式…"（也可通过选项卡设置："设计"→"设置背景格式"）。

2）窗体右侧出现"设置背景格式"窗格，在"填充"项中，选择"图片或纹理填充"，单击"文件"按钮选择需插入的图片"bg.jpg"，如图 5-68 所示。

图 5-68　设置背景格式

185

3）回到"设置背景格式"对话框，单击"全部应用"按钮，将图片设置为所有幻灯片的背景。

3. 在演示文稿的第一页幻灯片中插入背景音乐 music. mp3，设置为"自动播放""循环播放，直到停止""幻灯片放映时隐藏声音图标"，并将该音乐设置为整个幻灯片的背景音乐。

具体操作方法：

1）在左侧窗格选中第一张幻灯片，在"插入"选项卡的"媒体"选项组中，单击"音频"按钮，选择"PC 上的音频…"。

2）打开"插入音频"对话框，选择相应路径找到背景音乐"music. mp3"插入。

3）在"播放"选项卡的"音频选项"选项组中进行设置，单击"开始"的下拉列表按钮选择"自动"，勾选"跨幻灯片播放"复选框、"循环播放，直到停止"复选框、"放映时隐藏"复选框、"播完返回开头"复选框，如图 5-69 所示。

图 5-69　背景音乐的插入与设置

4. 在第一页幻灯片中插入艺术字"计算机基础教程与实验"，艺术字样式为第 1 行第 1 列，字体设为微软雅黑，字号为 60，艺术字高度为 3 厘米，宽度为 24 厘米，然后按样图调整艺术字的位置。将"计算机基础教程与实验"文本的动画效果设置为"浮入"，开始设置为"单击时"，持续时间设为 2.5 秒。

具体操作方法：

1）选中第一张幻灯片，在"插入"选项卡的"文本"选项组中，选择"艺术字"，选择第 1 行第 1 列的效果。输入文本"计算机基础教程与实验"。

2）选中"计算机基础教程与实验"艺术字，在"开始"选项卡的"字体"选项组中，选择"微软雅黑"字体和"60"字号。

3）在"格式"选项卡的"大小"选项组中，设置高度和宽度分别为"3 厘米"和"24 厘米"。

4）参考样图，拖动艺术字到相应位置。

5）选中艺术字，在"动画"选项卡的"动画"选项组中，单击"动画"的下拉列表按钮，在展开的动画列表中选择"进入"组的"浮入"。在"计时"选项组将"开始"设置为"单击时"，持续时间修改为"2.5"，如图 5-70 所示。（单击"高级动画"选项组的"动画窗格"，动画窗格里显示这张幻灯片的所有动画设置，也可以在这里进行修改。单击"播放"按钮可预览动画效果。）

5. 在幻灯片中插入图片"deng. jpg"，动画效果设置为"浮入"，效果为"下浮"，开始为"与上一动画同时"，持续时间为"3 秒"。

具体操作方法：

1）在"插入"选项卡的"图像"选项组中，单击"图片"，选择要插入的图片"deng. jpg"。将幻灯片中插入的图片拖放至样图所示位置。

图 5-70　动画的插入与设置

2）单击图片，在"动画"选项卡的"动画"选项组中，找到"浮入"动画。在"计时"选项组将"开始"设置为"与上一动画同时"，效果选项设置为"下浮"，持续时间修改为"3"，如图 5-71 所示。

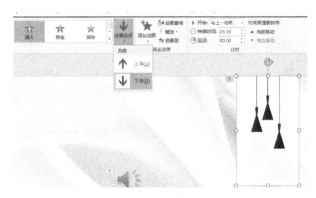

图 5-71　图片动画设置

6. 在幻灯片中插入 3 个菱形，线条颜色设为白色，填充效果分别选择图片 word. jpg、excel. jpg 和 ppt. jpg，大小为高 3 厘米、宽 3 厘米，然后按样图调整位置。菱形的动画效果设为"楔入"，开始设置为"单击时"，持续时间为 2 秒。

具体操作方法：

（先观察本题，要求插入的 3 个菱形效果基本一样：线条、大小、动画效果等都一样，只有填充的图片不同。所以更快速的做法是：先按要求制作出一个菱形，然后复制出另外两个，最后修改填充图片。）

1）在"插入"选项卡的"插图"选项组中，单击"形状"按钮，在下拉列表的"基本形状"中选择菱形。在幻灯片上拖动鼠标"画"出一个菱形。在"格式"选项卡的"大小"选项组中设置图片高"3 厘米"、宽"3 厘米"。

2）在"格式"选项卡的"形状样式"选项组中选择"形状轮廓"，设置轮廓线条为白色，如图 5-72 所示。

3）右键单击形状，在快捷菜单中选择"设置图片格式"，窗体右侧出现"设置图片格式"窗格，选择"图片或纹理填充"，单击"文件"按钮，选择图片"word. jpg"插入，如图 5-73 所示。

4）在"动画"选项卡列出的动画效果中找不到我们需要的"楔入"效果，所以选择"更多进入效果…"命令，打开"添加进入效果"对话框，在"基本型"中找到"楔入"，单击"确定"按钮应用此动画效果，如图 5-74 所示。

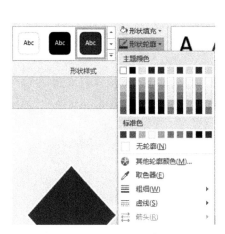

图 5-72　形状轮廓　　　　　　　　　　图 5-73　"设置图片格式"窗格

5）在"动画"选项卡的"计时"选项组中设置开始为"单击时"，持续时间修改为"2"。至此就创建好了第一个菱形。

图 5-74　图形动画效果的添加与设置

6）按下"Ctrl"键拖动设置好的菱形图片，进行复制，一共得到 3 个菱形图片，参考样图所示把它们拖动到相应的位置。

7）选中第 2 个菱形，在右侧"设置图片格式"窗格中，单击"文件"按钮，修改图片为"excel. jpg"。同样方法将第三个菱形的填充图片修改为"ppt. jpg"。

8）参考样图进行调整，预览效果。

6. 将 3 个菱形依次设置超链接到第 3 张幻灯片、第 5 张幻灯片、第 7 张幻灯片。

具体操作方法：

1）选中第 1 个菱形图片，在"插入"选项卡的"链接"选项组中，选择"超链接"，打开"插入超链接"对话框。

2）选择链接到"本文档中的位置",在"请选择文档中的位置"列表中选择"3.幻灯片 3",单击"确定"按钮完成第 1 个图片的超链接,如图 5-75 所示。

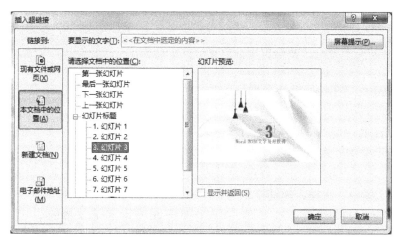

图 5-75　插入超链接

3）同样的方法,设置第 2 个菱形图片超链接到第 5 张幻灯片,设置第 3 个菱形图片超链接到第 7 张幻灯片。

7. 设置幻灯片的切换方式为"涟漪–居中",持续时间为 3 秒,换片方式为"单击鼠标时"。

具体操作方法:

1）在"切换"选项卡的"切换到此幻灯片"选项组,在切换效果列表中选择"华丽型"中的"涟漪"。在"效果选项"中选择"居中",如图 5-76 所示。

图 5-76　设置幻灯片切换效果和计时

2）在"切换"选项卡的"计时"选项组中,设置持续时间为"3",换片方式为"单击鼠标时"(勾选复选框)。

8. 将完成的演示文稿另存为"我的第一个演示文稿 .pptx"。

具体操作方法:

单击"文件"→"另存为"命令,在打开的"另存为"对话框中选择相应路径进行保存,文件名为"我的第一个演示文稿 .pptx"。

习 题 5

【选择题】

1. PowerPoint 是 （　　） 家族中的一员。

A. Linux　　　　　　　B. Windows　　　　　　C. Office　　　　　　D. Word

2. PowerPoint 新建文件的默认名称是 （　　）。

A. Doc1　　　　　　　B. Sheet1　　　　　　　C. 演示文稿 1　　　　D. Book1

3. PowerPoint 的主要功能是 （　　）。

A. 电子演示文稿处理　　　　　　　　　　B. 声音处理

C. 图像处　　　　　　　　　　　　　　　D. 文字处理

4. 在演示文稿中，在插入超链接中所链接的目标不能是 （　　）。

A. 另一个演示文稿　　　　　　　　　　　B. 同一演示文稿的某一张幻灯片

C. 其他应用程序的文档　　　　　　　　　D. 幻灯片中的某个对象

5. 在 PowerPoint 中，添加新幻灯片的组合键是 （　　）。

A. Ctrl + M　　　　　　B. Ctrl + N　　　　　　C. Ctrl + O　　　　D. Ctrl + P

6. 下列视图中不属于 PowerPoint 视图的是 （　　）。

A. 普通视图　　　　　B. 页面视图　　　　　　C. 阅读视图　　　　D. 备注页视图

7. PowerPoint 2016 制作的演示文稿文件扩展名是 （　　）。

A. . pptx　　　　　　　B. . xlsx　　　　　　　C. . fpt　　　　　　D. . docx

8. （　　） 视图是进入 PowerPoint 2016 后的默认视图。

A. 幻灯片浏览　　　　B. 大纲　　　　　　　　C. 幻灯片　　　　　D. 普通

9. 若要在 "幻灯片浏览" 视图中选择多个幻灯片，应先按住 （　　） 键。

A. Alt　　　　　　　　B. Ctrl　　　　　　　　C. F4　　　　　　　D. Shift + F5

10. PowerPoint 提供的幻灯片模板，主要是解决幻灯片的 （　　）。

A. 文字格式　　　　　B. 文字颜色　　　　　　C. 背景图案　　　　D. 以上全是

11. 在 PowerPoint 2016 中，"插入" 选项卡可以创建 （　　）。

A. 新文件、打开文件　　　　　　　　　　B. 表格、形状与图表

C. 文本左对齐　　　　　　　　　　　　　D. 动画

12. 结合 （　　） 键可以绘制出正方形和圆形图形。

A. Alt　　　　　　　　B. Ctrl　　　　　　　　C. Shift　　　　　　D. Tab

13. 要进行幻灯片大小设置、主题选择，可以在 （　　） 选项卡中操作。

A. 开始　　　　　　　B. 插入　　　　　　　　C. 视图　　　　　　D. 设计

14. 从当前幻灯片开始放映幻灯片的组合键是 （　　）。

A. Shift + F5　　　　　B. Shift + F4　　　　　C. Shift + F3　　　　D. Shift + F2

15. 从第一张幻灯片开始放映幻灯片的功能键是 （　　）。

A. F2　　　　　　　　B. F3　　　　　　　　　C. F4　　　　　　　D. F5

16. 要设置幻灯片中对象的动画效果及动画的出现方式时，应在 （　　） 选项卡中操作。

A. 切换　　　　　　　B. 动画　　　　　　　　C. 设计　　　　　　D. 审阅

17. 要设置幻灯片的切换效果及切换方式时，应在（　　）选项卡中操作。

A. 开始　　　　　　　　B. 设计　　　　　　　　C. 切换　　　　　　　　D. 动画

18. 按住鼠标左键，并拖动幻灯片到其他位置是进行幻灯片的（　　）操作。

A. 移动　　　　　　　　B. 复制　　　　　　　　C. 删除　　　　　　　　D. 插入

19. 光标位于幻灯片窗格中时，单击"开始"选项卡的"幻灯片"选项组中的"新建幻灯片"按钮，插入的新幻灯片位于（　　）。

A. 当前幻灯片之前　　　　　　　　　　　　B. 当前幻灯片之后

C. 文档的最前面　　　　　　　　　　　　　D. 文档的最后面

20. 幻灯片的版式是由（　　）组成的。

A. 文本框　　　　　　　　B. 表格　　　　　　　　C. 图标　　　　　　　　D. 占位符

【填空题】

1. 能规范一套幻灯片的背景、图案、色彩搭配的是_____。

2. 创建新的幻灯片时出现的虚线框为_____。

3. 若仅显示演示文稿的文本内容，不显示图形、图像、图标等对象，则应选择_____视图方案。

4. PowerPoint 的_____命令可实现幻灯片之间的跳转。

5. PowerPoint 2016 可以在每张纸上最多打印_____张垂直放置的幻灯片。

【判断题】

（　　）1. 在 PowerPoint 2016 中创建的一个文档就是一张幻灯片。

（　　）2. PowerPoint 幻灯片中可以处理的最大字号是初号。

（　　）3. 幻灯片的切换效果是在两张幻灯片之间切换时发生的。

（　　）4. PowerPoint 2016 的幻灯片中可以插入形状、图片、声音、视频等信息。

（　　）5. 在 PowerPoint 中，制作好的幻灯片可直接放映，也可以用打印机打印。

（　　）6. 改变母版中的信息，演示文稿中的所有幻灯片将做相应改变。

（　　）7. 在 PowerPoint 2016 中，每张幻灯片都有一个专门用于输入演讲者备注的窗口。

（　　）8. 在 PowerPoint 中可以利用"设置背景格式"窗格对背景进行填充设置，可更改幻灯片的颜色、图案等，但不能使用图片作为幻灯片的背景。

（　　）9. 在幻灯片中可以将图片文件以链接的方式插入到演示文稿中。

（　　）10. 在 PowerPoint 2016 演示文稿创建后，可以根据使用者设置的不同放映方式进行播放。

【简答题】

1. 如何向幻灯片中添加组织结构图？

2. 如何向幻灯片中添加交互动作？

3. 设置演示文稿的放映时间的方法有几种？分别是什么？

项目6

计算机网络基础

【项目导读】

计算机网络经历几十年的发展，进入 21 世纪后已经成为信息社会的基础设施，深入到人类社会的方方面面，与人们的工作、学习和生活息息相关。计算机网络是通过传输介质、通信设施和网络通信协议，把分散在不同地点的计算机设备互连起来，实现资源共享和数据传输的系统。通过本项目将学习 Internet（因特网）基础知识，掌握网络信息检索方法，了解网络安全知识，认识如今常用的热门新技术。

【学习目标】

1. 掌握计算机网络的概念与结构。
2. 了解局域网的基础知识及网络通信协议。
3. 学会使用 IE 浏览器。
4. 了解计算机信息安全。
5. 了解计算机前沿新技术发展。

6.1　Internet 基础

计算机已全面进入网络时代，从较小的办公局域网到将全世界连成一体的互联网，计算机网络处处可见，计算机网络已经深入到社会的各个方面。因此，学习计算机网络知识是进一步掌握计算机应用技能的基本要求。

6.1.1　计算机网络概念与结构

计算机网络是计算机技术与通信技术相结合的产物。

1. 计算机网络定义

通过通信线路和通信设备，将地理位置不同的、功能独立的多台计算机互相连起来，以功能完善的网络软件来实现资源共享和信息传递就构成了计算机网络系统。

2. 计算机网络的发展

计算机网络的发展可分为 4 个阶段：

（1）诞生阶段　以一台中央主计算机连接大量处于不同地理位置的终端，形成"计算机→通信线路→终端"系统，这是 20 世纪 50 年代初到 60 年代初出现的计算机网络雏形阶段。

（2）形成阶段　通过通信线路将若干台计算机互连起来，实现资源共享，这是现代计算机网络兴起的标志。典型的网络是 20 世纪 60 年代后期由美国高级研究计划局组建的 AR-PANET。

（3）互联互通阶段 为了实现计算机网络的互联互通，迫切需要一种开放性的标准化使用网络环境，具有统一的网络体系结构并遵循国际标准的开放式和标准化的网络。

20 世纪 80 年代，诞生了两种国际通用的最重要的体系结构，即 TCP/IP 网络体系结构和国际标准化组织（ISO）的开放系统互连（OSI）体系结构。

（4）高速网络技术阶段 20 世纪 90 年代末至今的第四代计算机网络，由于局域网技术发展成熟，出现光纤及高速网络技术、多媒体网络、智能网络、5G 移动网络，整个网络就像一个对用户透明的大的计算机系统，发展以 Internet 为代表的互联网。

3. 计算机网络的分类

计算机网络分类方法很多，但最常用的分类方法是按网络分布范围的大小来分类，计算机网络可分成局域网（LAN）、城域网（MAN）和广域网（WAN）。

（1）局域网（Local Area Network，LAN） 局域网是在小范围内组成的网络。一般在十公里以内，以一个单位或一个部门为限，如在一个建筑物、一个工厂、一个校园内等。这种网络可用多种介质通信，具有较高的传输速率，一般可达到 100Mbit/s。

（2）城域网（Metropolitan Area Network，MAN） 城域网是介于局域网与广域网之间，范围在一个城市内的网络。一般在几十公里以内。它的传输速度相对于局域网来说要低一些。

（3）广域网（Wide Area Network，WAN） 广域网不受地区限制，可在全省、全国甚至横跨几大洲，进行全球联网。这种网络能实现大范围内的资源共享，通常采用电信部门提供的通信装置和传输介质，传输速率最低。

4. 计算机网络的功能

（1）资源共享 共享硬件资源，如打印机、光盘等；共享软件资源，如各种应用软件，公共通用数据库。资源共享可以减少重复投资，降低费用，推动计算机应用的发展，这是计算机网络的突出优点之一。

（2）信息交换 利用计算机网络提供的信息交换功能，用户可以在网上传送电子邮件、发布新闻消息、进行远程电子购物、电子金融贸易、远程电子教育等。

（3）协同处理 协同处理是计算机网络中各主机间均衡负荷，把在某时刻负荷较重的主机的任务传送给空闲的主机，利用多个主机协同工作来完成单一主机难以完成的大型任务。

5. 计算机网络的拓扑结构

网络拓扑就是指网络的连接形状，即网络在物理上的连通性。从拓扑的角度看，计算机网络中的处理器称为结点，通信线路称为链路，因此，计算网络的拓扑结构就是指结点和链路的结构。

网络拓扑结构常见的有以下五种，分别是星形、树形、总线型、环形和网状拓扑。

（1）星形拓扑 星形拓扑是通过点到点链路接到中央结点的各站点组成的，如图 6-1 所示。

（2）树形拓扑 树形拓扑形状像一棵倒置的树，顶端是树根，树根以下带分支，每个分支还可再带子分支。树根接收各站点发送的数据，然后再广播发送到整个网络，如图 6-2

所示。

（3）总线型拓扑　总线型拓扑结构采用一个信道作为传输媒体，所有站点都通过相应的硬件接口直接连到这一公共传输媒体上，该公共传输媒体称为总线。任何一个站点发送的信号都沿着传输媒体传播，而且能被所有其他站点所接收，如图 6-3 所示。

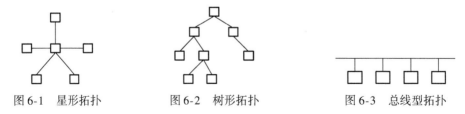

图 6-1　星形拓扑　　　　　图 6-2　树形拓扑　　　　　图 6-3　总线型拓扑

（4）环形拓扑　环形拓扑网络由站点和连接站点的链路组成一个闭合环，如图 6-4 所示。

（5）网状拓扑　网状拓扑如图 6-5 所示。这种结构在广域网中得到了广泛的应用，它的优点是不受瓶颈问题和失效问题的影响。由于结点之间有许多条路径相连，可以为数据流的传输选择适当的路由，从而绕过失效的部件或过忙的结点。这种结构由于可靠性高，受到用户的欢迎。

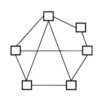

图 6-4　环形拓扑　　　　　　　　　　图 6-5　网状拓扑

6.1.2　计算机网络协议

如同人与人之间相互交流需要遵循一定的规矩一样，计算机之间能够进行相互通信是因为它们都共同遵守一定的规则，即网络协议。

计算机网络的通信是一个复杂的过程，分层技术很好地解决了这个问题，将这些规则按功能划分成不同的层，下层为上层提供服务，上层利用下层的服务完成本层的功能，同时这些规则应具有通用性，即不依赖于各结点的硬件和软件，适用于各种网络。

1. OSI 参考模型

1984 年国际标准化组织公布了开放系统互连参考模型 OSI/RM（Open System Interconnection Reffernce Model），简称七层协议，称为国际上通用的协议标准。

这七层协议的名称分别是：物理层、数据链路层、网络层、传输层、会话层、表示层和应用层，如图 6-6 所示。

2. OSI 的各层功能

1）物理层，物理层处于 OSI 的最底层，是整个开放系统的基础。物理层涉及通信信道上传输的原始比特流，它的功能主要是为数据端设备提供传送数据的通路以及传输数据。

| 应用层 |
| 表示层 |
| 会话层 |
| 传输层 |
| 网络层 |
| 数据链路层 |
| 物理层 |

图 6-6　OSI 七层网络模型

2）数据链路层，通过各种控制协议，将有差错的物理信道变为无差错的、能可靠传输数据帧的数据链路。

3）网络层，主要为数据在结点之间传输创建逻辑链路，通过路由选择算法为分组选择最佳路径，从而实现拥塞控制、网络互联等功能。

4）传输层，实现端到端的透明传输。

5）会话层，建立通信双方会话的连接和解除，负责将网络地址的逻辑名转换成物理地址。

6）表示层，为通信双方提供通用的数据表示形式，并进行代码格式转换、数据压缩等。

7）应用层，为应用进程使用网络环境交换信息提供服务，如电子邮件、网络共享数据库软件等。

6.1.3 Internet

Internet 是世界上最大的互联网络，它把各种局域网、城域网、广域网和互联网通过路由器或网关及通信线路进行连接。

1. Internet 发展简史

Internet 的发展源于 ARPANET，这是由美国高级研究计划局（ARPA）于 1969 年开发的。APRANET 是第一个可以实际运作的分组交换网，最初运行于加州大学洛杉矶分校（UCLA）、加州大学圣芭芭拉分校和斯坦福研究所（SRI）等 4 处。发展至今，情况早已不可同日而语了。

2. Internet 提供的服务

TCP/IP 的应用层包括 HTTP、FTP、SMTP、TELNET、SNMP、DNS、RTP、GOPH 等多个子协议，因此 Internet 提供的服务主要有基于 HTTP 的 WWW 服务（简称 Web 服务）、基于 FTP 的文件传输服务、基于 SMTP 的电子邮件服务、基于 TELNET 的远程登录与 BBS 服务等。

（1）WWW 服务　WWW（World Wide Web）称为万维网，它是一种基于超链接的超文本系统。WWW 采用客户机/服务器工作模式，通信过程按照 HTTP 来进行。信息资源以网页文件的形式存放在 WWW 服务器中，用户通过 WWW 客户端程序（浏览器）向 WWW 服务器发出请求；WWW 服务器响应客户端的请求，将某个页面文件发送给客户端；浏览器在接收到返回的页面文件后对其进行解释，并在显示器上将图、文、声并茂的画面呈现给用户。

（2）FTP 服务　FTP（File Transfer Protocol）是文件传输协议。该协议规定了在不同机器之间传输文件的方法与步骤。FTP 采用客户机/服务器工作模式，将传输的文件存放在 FTP 服务器中，用户通过客户端程序向 FTP 服务器发出请求；FTP 服务器响应客户端的请求，将某个文件发送给客户。

（3）电子邮件服务　电子邮件也是一种基于客户机/服务器模式的服务，整个系统由邮件通信协议、邮件服务器和邮件客户软件三部分组成。

1）邮件通信协议。邮件通信协议有三种：SMTP、MIME、POP3。

SMTP 意指简单邮件传输协议，它描述了电子邮件的信息格式及其传递处理方法，以保证电子邮件能够正确地寻址和可靠地传输。SMTP 只支持文本形式的电子邮件。

MIME 的含义是多用途网际邮件扩展协议，它支持二进制文件的传输，同时也支持文本文件的传输。

POP3 是邮局协议的第三个版本，它提供了一种接收邮件的方式，通过它用户可以直接将邮件从邮件服务器下载到本地计算机。

2）邮件服务器。邮件服务器的功能一是为用户提供电子邮箱；二是承担发送邮件和接收邮件的业务，其实质就是电子化邮局。邮件服务器按功能可分为接收邮件服务器（POP 服务器）和发送邮件服务器（SMTP 服务器）。

3）邮件客户软件。客户端软件是用户用来编辑、发送、阅读、管理电子邮件及邮箱的工具。发送邮件时，客户端软件可以将用户的电子邮件发送到指定的 SMTP 服务器中；接收邮件时，客户端软件可以从指定的 POP 服务器中将邮件取回到本地计算机中。

3. TCP/IP

Internet 的传输基础是 TCP/IP（Transmission Control Protocol/Internet Protocol），其核心思想是网络基本传输单位是数据包，TCP 代表传输控制协议，负责把数据分成若干个数据包，并给每个数据包加上包头，包头上有相应的编号，以保证在数据接收端能正确地将数据还原为原来的格式。IP 代表网际协议，它在每个包头上再加上接收端主机的 IP 地址，以便数据能准确地传到目的地。

实践证明，TCP/IP 是一组非常成功的网络协议，它虽然不是国际标准，但已成为网络互联事实上的标准。

（1）TCP/IP 分层模型 TCP/IP 将网络服务划分为四层，每一层都包括若干个子协议。

1）应用层（Application Layer）是 TCP/IP 参考模型的最高层，它向用户提供一些常用应用程序，如电子邮件等。应用层包括了所有的高层协议，并且总是不断有新的协议加入。

2）传输层（Transport Layer）也叫 TCP 层，主要功能是负责应用进程之间的端-端通信。传输层定义了两种协议：传输控制协议（TCP）与用户数据包协议（UDP）。

3）网络层（Internet Layer）也叫 IP 层，负责处理互联网中计算机之间的通信，向传输层提供统一的数据包。它的主要功能有以下三个方面：处理来自传输层的分组发送请求、处理接收的数据包、处理互联的路径。

4）物理链路层（Host-to-Network Layer）主要功能是接收 IP 层的 IP 数据包，通过网络向外发送，或接收处理从网络上来的物理帧，抽出 IP 数据包，向 IP 层发送。该层是主机与网络的实际连接层。

（2）IP 地址 IP 规定联网的每台计算机都必须有一个唯一的地址，这个地址由一个 32 位的二进制数组成，通常把 32 位分成四组，每组 8 位，每组用一个小于 256 的十进制数表示出来，各组数间用圆点分隔。例如，192.168.0.1 就是 Internet 上的一台计算机的 IP 地址。

常用的 IP 地址分为 A、B、C 三大类。

1）A 类地址。A 类地址分配给规模特别大的网络使用，用第一组数字表示网络标识，后三组数字表示网络上的主机地址，第一组数字规定为 1 ~ 126。

2）B 类地址。B 类地址分配给中型网络，用第一、二组数字表示网络标识，后面两组数字表示网络上的主机地址，第一组数字规定为 128 ~ 191。

3）C 类地址。C 类地址分配给小型网络，用前三组数字表示网络标识，最后一组数字作为网络上的主机地址，第一组数字规定为 192 ~ 223。

第一组数字为 127 及 224 ~ 255 之间的地址则用作测试和保留试验使用。

测试类：127. 0. 0. 1 代表主机本身地址。

IP 地址是一种世界级的网络资源，由国际权威机构进行配置，所有的 IP 地址都由国际组织 NIC（Network Information Center，网络信息中心）负责统一分配。目前全世界共有 3 个这样的网络信息中心：InterNIC 负责美国及其他地区，ENIC 负责欧洲地区，APNIC 负责亚太地区。我国申请 IP 地址要通过 APNIC。APNIC 的总部设在日本东京大学。申请时要考虑申请哪一类的 IP 地址，然后向国内的代理机构提出。

IP 地址又分为公有 IP 地址和私有 IP 地址两种。公有 IP 地址分配给注册并向 NIC 提出申请的组织机构，通过它直接访问互联网。私有地址属于非注册地址，专门为组织机构内部使用。

因此，像 192. 168. 0. 1 ~ 192. 168. 0. 254 等之类的 IP 地址都是单位内部 IP 地址，并不能直接上互联网，而需要通过配有公有 IP 地址的网关服务器才能上互联网。

随着 Internet 应用的发展，IPv4 的 IP 地址数已不能满足用户的需求。为此，IETF（互联网工程任务组织）提出了新一代 IP 即 IPv6，采用 128 位地址长度，几乎可以不受限制地提供地址。IPv6 的主要优势体现在以下几方面：扩大地址空间、提高网络的整体吞吐量、改善服务质量（QoS）、安全性有更好的保证、支持即插即用和移动性、更好地实现多播功能。

（3）域名　域（Domain）是指网络中某些计算机及网络设备的集合。而域名则是指某一区域的名称，它可以用来当作互联网上一台主机的代称，而且域名比 IP 地址便于记忆。

域名使用分层的结构，结构如下：

计算机名 . 组织机构名 . 网络名 . 最高层名

例如，www. 163. com 就是网易 Web 服务器的域名，在网络中把域名转换成 IP 地址的任务是由域名服务器来完成的。

域名的命名方法有约定，最高层域名分为组织域和国家或地区域两类。

（4）互联网的连接　一台计算机要连入互联网，首先要解决的问题就是连接互联网的方式。一般情况下，连接方式有 3 大类，即专线、拨号、宽带。专线是指通过以太网方式接入局域网，然后再通过专线的方式接入互联网；拨号（包括 ISDN）是指通过调制解调器借助公用电话线接入互联网；宽带则是指使用 xDSL、Cable Modem 等方式接入互联网。

（5）局域网连接上网　计算机通过局域网连接互联网的原理是先将多台计算机组成一个局域网，局域网中的服务器通过路由或专线连接互联网，局域网的工作站通过网关连入互联网。

作为局域网的一个工作站应首先安装好网卡，并通过网线（双绞线或同轴电缆）与服务器连接好，然后进行软件配置，主要是配置 TCP/IP，操作步骤如下。

1）右击桌面右下角的"网络"图标→打开"网络和共享中心"窗口，在该窗口右侧的"查看活动网络"一栏中，单击"以太网"，出现以太网状态后单击"属性"，打开"以太网属性"对话框，如图 6-7 所示。

2）在"以太网属性"对话框中勾选"Internet 协议版本 4（TCP/IP v4）"复选框，单击"属性"按钮，打开"Internet 协议版本 4（TCP/IP v4）属性"对话框，如图 6-8 所示。

3）在"Internet 协议版本 4（TCP/IP v4）属性"对话框中单击"使用下面的 IP 地址"单选按钮，在"IP 地址"栏内填入分配给本机的 IP 地址、网关地址；单击"使用下面的 DNS 服务器地址"单选按钮，在"首选 DNS 服务器"栏内填入 DNS 服务器的 IP 地址。

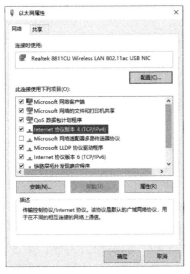

图 6-7　"本地连接属性"对话框　　图 6-8　"Internet 协议版本 4（TCP/IP v4）属性"对话框

如果在局域网中有 DHCP 服务器（自动为网络中的工作站分配 IP 地址的服务器），可以单击"自动获取 IP 地址"与"自动获取 DNS 服务器地址"单选按钮。此时，局域网的服务器必须开通自动地址分配这一服务功能。

上述设置中，由于使用的是内部私有 IP 地址，该计算机必须通过网关才能访问 Internet，担当网关的计算机必须具有接入互联网的公有 IP 地址。最后，单击"确定"按钮完成 TCP/IP 的设置。

6.2　网络信息检索

互联网日益发展的今天，已成为信息的海洋，我们越来越依赖于网络，如何准确快速地查找需要的网络信息成为互联网应用中的一个关键性问题。

6.2.1　Internet Explorer 浏览器

World Wide Web（也称 Web、WWW 或万维网）是互联网上集文本、声音、动画、视频等多种媒体信息于一身的信息服务系统，整个系统由 Web 服务器、浏览器（Browser）及通信协议等 3 部分组成。WWW 采用的通信协议是超文本传输协议（HyperText Transfer Protocol，HTTP），它可以传输任意类型的数据对象，是 Internet 发布媒体信息的主要协议。

WWW 中的信息资源主要由一篇篇的网页为基本元素构成，所有网页采用超文本标记语言（HyperText Markup Language，HTML）来编写，HTML 对 Web 页的内容、格式及 Web 页中的超链接进行描述。Web 页间采用超级文本（HyperText）的格式互相链接。当鼠标指针移动到这些链接上时，指针形状变成手掌状，单击即可从这一网页跳转到另一网页上，这就是所谓的超链接。

Internet 中的网页成千上万，为了准确查找，人们采用了统一资源定位器（Uniform Resource Locator，URL）来在全世界唯一标识某个网络资源。其描述格式为"协议：//主机名称/路径名/文件名：端口号"。

双击桌面的浏览器图标，打开 Internet Explorer 11，出现如图 6-9 所示的窗口，整体风格干净、简单、清新。

图 6-9　IE 浏览器外观

标题栏：包括控制按钮、当前浏览网页的名称、最小化按钮、最大化/还原按钮以及关闭按钮，通过对标题栏的操作，可以改变 IE 窗口的大小和位置。

工具栏：提供了常用命令的工具按钮，可以不用打开菜单，而是单击相应的按钮来快捷地执行命令。

地址栏：用于指出要访问的资源的统一资源定位地址，可以输入想要访问网页的 URL。

浏览区：窗口中最大面积的区域，显示当前访问的网页内容以便用户浏览。

状态栏：显示正在浏览的网页的下载状态、下载进度和区域属性等状态信息。

6.2.2　浏览器的使用

1. 输入网站地址

若想浏览某网站，在浏览器的地址栏中输入网站地址即可。例如要访问百度网站，在地址栏中输入 www.baidu.com 即可。

2. Internet 选项设置

单击 Internet 工具栏的"工具"命令 ⚙，选择"Internet 选项"，可以打开"Internet 选项"对话框，这里可以对浏览器进行进一步设置，例如默认主页、清除历史记录等常规设置，浏览器的安全等级设置，还有更多的"高级"设置，如图 6-10 所示。

3. 收藏喜爱的站点

若要收藏打开的网页，单击工具栏的"收藏"命令 ★，窗体右侧出现"收藏夹"窗格，单击"添加到收藏夹"按钮，打开"添加收藏"对话框，如图 6-11 所示。在名称文本框输入名字，选择创建的位置，就可把这个网页添加到收藏夹了，以后可以随时打开收藏夹选择收藏过的网页直接访问。

4. 保存页面信息

若要本地保存网页，单击工具栏的"工具"→"另存为"命令，如图 6-12 所示。在相应位置输入文件名和保存类型，即可完成网页文件的保存。

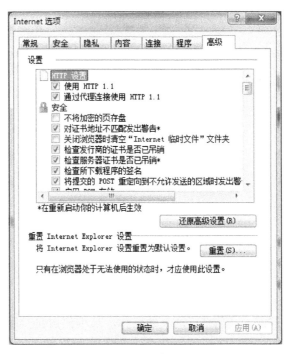

图 6-10 设置高级选项

图 6-11 收藏站点

图 6-12 保存网页

5. 打印页面信息

在浏览器的"工具"中单击"打印"命令,打印页面如图 6-13 所示。如同打印 Word 文档一样,选择打印机、页面范围和份数设置完成后即可打印网页内容。

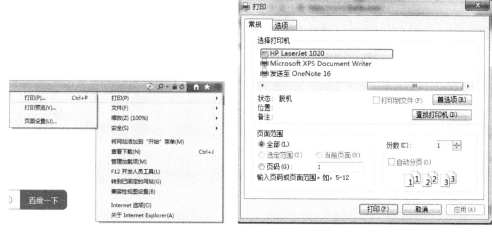

图 6-13　打印页面

6.2.3　网络信息搜索

1. 认识搜索引擎

在互联网时代,搜索引擎是必备的,不管你要查什么资料、下载软件、娱乐游戏等,都离不开搜索引擎,搜索引擎最常用的就是使用关键词直接搜索,然后得搜索结果,再找到想要的东西。常用的搜索引擎有百度、好搜、搜狗、必应(bing)、有道、谷歌等,以下以百度搜索引擎为例来认识一下搜索引擎。

打开 IE 浏览器,在地址栏内输入"http://www.baidu.com/"后按"Enter"键,就会显示百度搜索引擎页面,如图 6-14 所示。

图 6-14　百度搜索

(1)基本搜索　如果想找某个信息,在搜索栏输入关键词,按"Enter"键,或单击"百度一下"按钮即可得到相关资料。基本搜索能帮助用户找到最重要、最相关的内容。在对网页进行分析时，它也会考虑与该网页链接的其他网页上的相关内容，还会先列出与搜索关键词相距较近的网页。

（2）双引号搜索　搜索时给关键字加双引号，可对关键字进行精确搜索，剔除读音相近的搜索结果。

例如：若直接输入"防疫的英雄"，搜索结果有很多近似结果，比如"防疫英雄""疫情防控的英雄"等。如果给关键字加上英文状态的双引号，搜索结果只有精确的"防疫的英雄"。

（3）加号搜索　在想要搜索的关键词前使用加号，也就等于告诉搜索引擎要搜索的这个词必须出现在搜索结果的网页中。

例如：输入"防疫英雄 +事迹"，搜索到防疫英雄相关的结果中一定包含事迹。

（4）减号搜索　与加号搜索意思相反，想要搜索结果中不出现某个关键词，可以在搜索的关键词后使用减号和不想要的关键词，注意减号前加空格，减号后面不需要空格。

例如：如果搜索疫情防疫，搜索到的结果中很多会包含"防控"这个词，现在只想搜索疫情防疫，并不想出现"防控"这个词。搜索"疫情防疫 -防控"，搜索结果中就不会出现"防控"。

（5）限定字符搜索　在关键词前加"intitle："，可以限制只搜索网页标题中含有这些关键词的网页。

例如：搜索"intitle：防疫英雄"，表示搜索页面标题中包含"防疫英雄"的网页。

（6）限定域名搜索　把搜索范围限定在特定站点中，提高查询效率。格式为"要搜索的关键词 site：站点域名"。注意不带 http：//、不带空格。

例如：搜索"防疫英雄 site：wenku. baidu. com/"，表示在百度文库中搜索"防疫英雄"相关的结果。

（7）博客限定搜索　使用"blog："命令，可以搜索所有博客中感兴趣的内容。

例如：搜索"blog：防疫英雄"，返回"防疫英雄"相关内容都是博客中的。

（8）限定文档类型搜索　用于查找特定类型的文档，对于查找文档资料非常实用。格式为"filetype：文件扩展名 关键字"。该语法可以限定查询词出现在指定的文档中，支持文档的格式有 pdf、doc、xls、ppt、rtf、all 等。

例如：搜索"filetype：pdf 防疫英雄"，会搜索到与"防疫英雄"相关的 pdf 文档。

2. 搜索技巧

1）表述准确。

2）查询词的主题关联与简练。

3）根据网页特征选择查询词。

在工作和生活中，会遇到各种各样的疑难问题。很多问题其实都可以在网上找到解决办法。因为某类问题发生的概率是稳定的，而网络用户有成千上万，于是遇到同样问题的人就会很多，其中一部分人会把问题贴在网络上求助，而另一部分人，可能就会把问题解决办法发布在网络上。有了搜索引擎，就可以把这些信息找出来。

找这类信息，核心问题是如何构建查询关键词。一个基本原则是，在构建关键词时，尽量不要用自然语言（所谓自然语言，就是用平时说话的语言和口气），而要从自然语言中提炼关键词。这个提炼过程并不容易，但是可以用一种将心比心的方式思考：如果我知道问题的解决办法，我会怎样对此做出回答。也就是说，猜测信息的表达方式，然后根据这种表达方式，取其中的特征关键词，从而达到搜索目的。

6.3　网络信息安全

6.3.1　计算机病毒

计算机病毒可以追溯到计算机科学刚刚起步之时，那时已经有人想出破坏计算机系统的基本原理。1949 年，科学家约翰·冯·诺依曼声称，可以自我复制的程序并非天方夜谭。不过几十年后，黑客们才开始真正编制病毒。直到计算机开始普及，计算机病毒才引起人们的注意。计算机病毒危害惊人：硬盘数据被清空，网络连接被掐断，好好的机器变成了传染病毒给其他计算机的毒源。

1. 病毒的基本概念

计算机病毒是危害计算机系统安全的一个重要因素。《中华人民共和国计算机信息系统安全保护条例》中将其定义为"指编制或者在计算机程序中插入的破坏计算机功能或者数据，影响计算机使用，并且能够自我复制的程序代码"。归根结底，计算机病毒就是一种人为制造的、在计算机运行中对计算机信息或系统起破坏作用的程序。除了具备程序的特点，计算机病毒还具有潜伏性、激发性、传染性、隐蔽性和破坏性。感染病毒后，不一定立刻发作，而是借助于媒体潜伏并能够在特定条件下激活自己，并实施自我复制和传播，对计算机系统造成攻击性破坏。在功能性结构上，计算机病毒一般由安装模块、传染模块、激活模块三部分组成。

2. 计算机病毒的表现

1）可执行文件所占存储空间加大。

2）磁盘坏簇增多。

3）磁盘卷标改名。

4）系统内存减少，运行速度明显放慢。

5）磁盘空间减少。

6）系统启动异常或频繁死机。

7）经常丢失程序和数据。

8）不能正常打印。

9）显示不正常，出现一些异常画面和问候语等。

10）不能正常打开或编辑文档。

11）系统动作异常，如自行启动，自行读写磁盘等。

12）网络传输变慢。

3. 计算机病毒的分类

计算机病毒有以下几种分类方式：

（1）按破坏性分　按破坏性可分为良性病毒、恶性病毒、极恶性病毒、灾难性病毒。

（2）按传染方式分

1）引导区型病毒：主要通过磁盘在操作系统中传播，感染引导区，蔓延到硬盘，感染到硬盘中的"主引导记录"。

2）文件型病毒：是文件感染者，也称为寄生病毒。它运行在计算机存储器中，通常感染扩展名为 com、exe、sys 等类型的文件。

3）混合型病毒：具有引导区型病毒和文件型病毒两者的特点。

4）脚本病毒：脚本病毒的公有特性是使用脚本语言编写，通过网页进行的传播的病毒。

5）宏病毒：是指病毒程序寄存在 Office 文档上的宏代码。是一种寄存在文档或模板的宏中的计算机病毒，宏病毒影响对文档的各种操作。

6）后门病毒：该类病毒的共有特性是通过网络传播，给系统开后门，给用户计算机带来安全隐患。

（3）按连接方式分

1）源码型病毒：攻击高级语言编写的程序，病毒在高级语言编写的程序编译之前插入到源程序中，经编译成功后成为合法程序的一部分。源码型病毒较为少见，亦难以编写。

2）入侵型病毒：可用自身代替正常程序的部分模块或堆栈区。因此这类病毒只攻击某些特定程序，针对性强，一般情况下难以被发现，清除起来也比较困难。

3）操作系统型病毒：可用其自身部分加入或替代操作系统的部分功能。因其直接感染操作系统，这类病毒的危害性也较大。

4）外壳型病毒：通常将自身附在正常程序的首尾，在文件执行时先行执行此病毒程序，相当于给正常程序加了个外壳。大部分的文件型病毒都属于这一类。

4. 传播途径

通常可以交换数据的环境就可以进行计算机病毒传播。有三种主要类型的计算机病毒传输方式：

1）通过移动存储设备进行病毒传播：如 U 盘、CD、移动硬盘等都可以是传播病毒的路径，而且因为它们经常被移动和使用，所以它们更容易得到计算机病毒的青睐，成为计算机病毒的携带者。

2）通过网络来传播：这里描述的网络传播方法也不同，网页、电子邮件、QQ 等都可以是计算机病毒网络传播的途径，随着网络技术的发展和互联网的运行频率，计算机病毒的传播速度越来越快，范围也在逐步扩大。

3）利用计算机系统和应用软件的弱点传播：越来越多的计算机病毒利用应用系统和应用软件的不足传播，因此这种途径也被划分在计算机病毒基本传播方式中。

5. 病毒的防治

1）安装最新的杀毒软件，上网时开启杀毒软件的全部监控。培养良好的上网习惯，例如：对不明邮件及附件慎重打开，可能带有病毒的网站尽量别上，尽可能使用较为复杂的密码，猜测简单密码是许多网络病毒攻击系统的一种方式。

2）不要执行从网络下载后未经杀毒处理的软件等，不要随便浏览或登录陌生的网站，许多非法网站被潜入恶意代码，一旦被用户打开，即会被植入木马或其他病毒。

3）培养自觉的信息安全意识，在使用移动存储设备时，尽可能不要共享这些设备，因为移动存储也是计算机病毒攻击的主要目标，在对信息安全要求比较高的场所，应将计算机上面的 USB 接口封闭，有条件的情况下应该做到专机专用。

4）将系统和应用软件升级到最新版本，避免病毒通过漏洞进行传播。受到病毒侵害的计算机应尽快隔离，在使用计算机的过程，若发现计算机上存在病毒或者是计算机异常时，应该及时中断网络；若发现计算机网络一直中断或者网络异常时，立即切断网络，以免病毒在网络中传播。

6.3.2 网络安全

网络安全是指网络系统的硬件、软件及其系统中的数据受到保护，不因偶然的或者恶意的原因而遭受到破坏、更改、泄露，系统连续可靠正常地运行，网络服务不中断。伴随网络的普及和信息电子化的发展，安全工作所面临的威胁也越来越严重。不仅涉及信息本身，还涉及软、硬件系统和网络、数据库等各个层面。早期的数据加密技术已经不能完全解决问题，信息安全的保障还需要不断研究新的安全技术以应对新威胁的挑战。这里将介绍几个关键的安全技术。

1. 数据加密技术

数据加密（Data Encryption）技术是指将一个信息经过加密钥匙（Encryption Key）及加密函数转换，变成无意义的密文（Cipher Text），而接收方则将此密文经过解密函数、解密钥匙（Decryption Key）还原成明文。加密技术是网络安全技术的基石。

为了保证重要数据的安全和机密性，可以对数据进行加密，让合法用户可以看到加密前数据的原始面目，而非法用户则只能看到加密后杂乱无章的内容。数据加密是网络信息安全的核心技术之一，它对保证网络信息安全起着特别重要的作用，是其他安全技术无法替代的。

我们把没有加密的原始数据称为明文，将加密以后的数据称为密文，把明文通过编码变换成密文的过程叫加密，加密的规则称为加密算法。而把密文还原成明文的过程叫解密，解密的规则称为解密算法。加密算法和解密算法在一对密钥的控制下进行，分别称为加密密钥和解密密钥。

一个密码系统包括所有可能的明文、密文、密钥、加密算法和解密算法。由于加解密算法只是作用于明文或密文以及相对应密钥的一个数学函数，而密钥才是起到关键作用的一串数字。没有密钥则空有算法也得不到结果，所以密码系统的安全性在于密钥的保密而不是加解密算法的保密，这就是说算法可以是公开的，甚至可以公布为一个标准加以通用。

密码系统根据密钥使用原理的不同可分为对称密钥密码系统和非对称密钥密码系统两大类。

（1）对称密钥密码系统 对称密钥密码系统又可称为单密钥系统，即在加密和解密过程中使用同一个密钥。对称密码算法有时又叫传统密码算法，就是加密密钥能够从解密密钥中推算出来，反之亦然成立。对称密钥密码系统的工作原理，如图6-15所示。

对称密钥密码系统最著名的算法有 DES（美国数据加密标准）、AES（高级加密标准）和 IDKA（欧洲数据加密标准）。该系统是指消息发送方和消息接收方必须使用相同的密钥，该密钥必须保密。发送方用该密钥对待发消息进行加密，然后将消息传输至接收方，接收方再用相同的密钥对收到的消息进行解密。这一过程可用数学形式来表示。消息发送方使用的加密函数 encrypt（）有两个参数：密钥 K 和待加密消息 M，加密后的消息为 E，E 可以表示为 E = encrypt（K，M）。消息接收方使用的解密函数 decrypt（）把这一过程逆过来，就产生了原来的消息：M = decrypt（K，E）= decrypt（K，encrypt（K，M））。

（2）非对称密钥密码系统 非对称密钥密码系统又称双密钥系统，即在加密和解密过程中使用一对互不相同的密钥。一个为公钥 PK，可公开使用，另一个为私钥 SK，只由符合条件的私人拥有。虽然两者在数学上是相关的，但不可以从一方推算出另一方。一般用公钥进行加密，而用与之对应的私钥进行解密，也可以反之应用。目前国际最著名、应用最广泛的非对称加密算法是 RSA 算法，如图 6-16 所示。

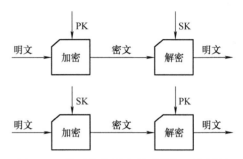

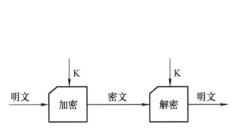

图 6-15　对称密钥密码系统的工作原理　　　图 6-16　非对称密钥密码系统的工作原理

在非对称密钥密码系统中，每个用户拥有一对密钥。公钥本来就是公开的，所以私钥的秘密性是关键。这种加密方式的算法一般都基于尖端的数学难题，计算起来相当的复杂。因此它的安全性比对称加密方式更高，但在加解密速度上却远远低于对称加密方式。所以通常被用来加密关键性的、核心的机密数据。相应公钥公开、私钥私有的原理，在同一个通信网络中，公钥公开发布，只需要对私钥进行分发和管理即可。比如对于具有 n 个用户的网络，仅需要 2n 个密钥，但相关的私钥必须是保密的，只有使用私钥才能解密用公钥加密的数据，而使用私钥加密的数据只能用公钥来解密。

两种加密方式各有利弊，在实际应用中可相互借鉴、取长补短，采用对称加密方式来加密文件的内容，而采用非对称加密方式加密密钥，这种混合加密系统能较好地解决运算速度问题和密钥分配管理问题。

2. 数字签名

数字签名（Digital Signature）又称公钥数字签名、电子签章，是一种类似写在纸上的普通的物理签名，但是使用了公钥加密领域的技术实现，用于鉴别数字信息的方法。它的作用是防止通信欺骗和抵赖。

这种签名方式与传统的手写签名有所不同。手写签名是把名字写在纸上，而数字签名则是将签名连接到被签信息上。为了能确保签名的真伪，防止非法修改和盗用，数字签名不是简单地在报文或文件里写个名字，而是必须要满足以下三个条件：

1）接收方能够核实发送方的签名，任何人不能伪造签名。

2）发送方不能抵赖自己的签名。

3）当对签名的真伪产生争议时，存在一个仲裁机构。

下面通过一个例子来说明，假设 A 要发送一个电子报文给 B，A、B 双方需要经过以下步骤：

1）A 用其私钥加密报文，这便是签字过程。

2）A 将加密的报文送达 B。

3）B 用 A 的公钥解开 A 送来的报文．

数字签名是非对称密钥加密技术与数字摘要技术的应用。正是应用了私钥的私有性，签名可以被唯一确认。因为 A 只能用自己的私钥加密报文，既然 B 是用 A 的公钥解开加密报文的，就证明原报文只能是 A 发送的，从而验证了签名的出处也使发送方 A 对数字签名无法抵赖。但是以上结果的成立都依赖于 A 对私钥的保密性，一旦私钥被盗用，则数字签名就失去了意义。为了解决对数字签名的质疑，可以引入仲裁者。发送方 A 将签名加密后的消息发送给仲裁者 X，X 对签名的有效性进行验证，然后连同验证的证明发送给接受方 B。在这个过程中，仲裁者必须得到双方用户的绝对信任。

目前数字签名已经应用于网上安全支付系统、电子银行系统、电子证券系统、安全邮件系统、电子订票系统、网上购物系统、网上报税等一系列电子商务认证服务，并具有相应的法律效力。但在使用数字签名之前，必须首先获取一个数字标识即数字证书，也就是我们所需要的仲裁者。

3. 数字证书

数字证书是由权威机构——CA 证书授权（Certificate Authority）中心发行的，能提供在互联网上进行身份验证的一种权威性电子文档，基于国际 PKI 公钥基础结构标准，帮助网上各终端用户识别对方身份和表明自身的身份。数字证书一般包含用户的数字签名、公钥信息以及身份验证机构（CA）的数字签名数据，身份验证机构的数字签名可以确保证书的真实性，用户公钥信息可以保证数字信息传输的完整性，用户的数字签名可以保证信息的不可否认性。

随着网络对日常生活的高度渗透，以网上银行、网上购物为代表的电子交易已频繁出现在日常生活中。由于网上交易时，交易双方无法面对面地确认对方的合法身份，同时交易信息在网上传输时的安全性和保密性还需要保证，另外，交易双方一旦发生纠纷，还必须有信任的第三方提供仲裁，所以在网上交易之前必须先去申领一个数字证书。目前国内已有几十家提供数字证书的 CA 中心，如中国人民银行认证中心（CFCA）、中国电信认证中心（CT-CA）、各省市的商务认证中心等，可以申领的证书一般有个人数字证书、单位数字证书、安全电子邮件证书、代码签名数字证书等。用户只需携带有关证件到当地的证书受理点，或者直接到证书发放机构即 CA 中心填写申请表并进行身份审核，审核通过后交纳一定费用就可以得到装有证书的相关介质（软盘、IC 卡或 Key）和一个写有密码口令的密码信封。用户还需登录指定的相关网站下载证书私钥，然后就可以在网上使用数字证书了。

4. 防火墙技术

防火墙一般是指在两个网络间执行访问控制策略的一个或一组系统。它既可以在局域网和互联网之间，也可以在局域网的各部分之间实施安全防护，现在已成为将局域网或者终端设备接入互联网时所必需的安全措施。它通过在网络边界上建立相应的网络通信监控系统来隔离内部和外部网络，以阻挡来自外部的网络入侵。防火墙可能在一台计算机上运行，也可能在计算机群上运行。

形象地说，防火墙就是两个物理子网之间的隔断，防止威胁从一个子网扩散到另一子网。它可以对网络之间的信息进行分析、隔离、限制，既可以阻止非授权用户访问敏感数据，又可以允许合法用户自由地访问网络资源，从而保护网络的运行安全，并且自身足够安全，不易受到威胁攻击的侵害，如图 6-17 所示。

（1）防火墙的作用　当一个内部网与互联网相连时，可能潜在被病毒程序侵入、敏感数据被盗或无意泄露、网络数据被篡改、黑客攻击、系统瘫痪等危险。网络管理者可以通过选择优秀的防火墙产品，配置合理的安全策略，保护内部网络避免遭受攻击。归纳起来，防

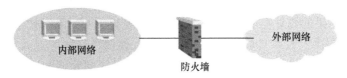

图 6-17　防火墙的位置

火墙的主要作用有：

1）防火墙对内部网络实现集中安全管理，强化了网络安全策略，比分散的主机管理更经济易行。

2）防火墙能防止非授权用户进入内部网络。

3）防火墙可以方便地监视网络的安全并及时报警。

4）使用防火墙，可以实现网络地址转换，利用 NAT 技术，可以缓解地址资源的短缺，隐藏内部网的结构。

5）利用防火墙对内部网络进行划分，可以实现重点网段的分离，从而限制安全问题的扩散。

6）所有的访问都经过防火墙，因此它是审计和记录网络的访问和使用的理想位置。

（2）防火墙的基本原则　防火墙的配置有两种基本规则：一是未经允许全部禁止规则（No 规则），防火墙只允许符合开放规则的信息进出，其他消息流则全部封锁。这种规则下的网络环境相对比较安全，但影响用户使用的便捷性。二是未被禁止全部允许规则（Yes 规则），防火墙只禁止符合屏蔽规则的信息进出，对其他消息则全部放行。这种规则方便了用户的使用，但对网络的安全性很难提供可靠的保证。两种规则各有利弊，在选择上则要根据实际情况再做决定。

（3）防火墙的类型　按照防火墙实现技术的不同可以将防火墙分为以下三种类型：

1）数据包过滤防火墙。数据包过滤是指对进出网络的数据流进行的选择控制的操作。数据包过滤操作通常与路由选择同时进行。用户可以设定一系列的规则，对数据包实施过滤，只允许满足过滤规则的数据包通过并被转发到目的地，而其他不满足规则的数据包被丢弃，可有效地提高计算机的抗攻击能力。

2）应用代理防火墙。应用代理防火墙能够将所有跨越防火墙的网络通信链路分为两段，按照管理员的设置，将外部信息流阻挡在内部网的结构和运行之外，使内部网与外部网的数据交换只在代理服务器上进行，从而实现内部网与外部网的隔离。优点是外部网络链路只能到达代理服务器，从而起到隔离防火墙内外计算机系统的作用；缺点是执行速度慢，操作系统容易遭到攻击。

3）状态检测防火墙。状态检测防火墙又叫动态包过滤防火墙。静态包过滤防火墙最明显的缺陷就是为了实现预期的通信，必须保持某些端口永久开放，这就为潜在的攻击提供了机会。状态检测防火墙克服了这一缺点，基于动态包过滤技术，在网关上增加了一个执行网络安全策略的监测模块，通过对数据包的监测动态地打开和关闭端口。这类防火墙的优点是减少了端口的开放时间，提供了对几乎所有服务的支持；缺点是它允许外部用户和内部主机的直接连接，不提供用户的鉴别机制。

6.3.3　网络信息安全

随着全球经济和信息化的发展，信息资源已成为社会发展的重要战略资源，信息技术和信息产业正在改变传统的生产和生活方式,逐步成为国家经济增长的主要推动力之一。信息化、网络化的发展已成为不可阻挡、不可回避、不可逆转的历史潮流和历史事实,信息技术和信息的开发应用已渗透到国家政治、经济、军事和社会生活的各个方面,成为生产力的重要因素。

1. 信息安全范畴

信息安全不能简单地理解为网络安全,其工作的对象不仅涵盖了网络安全的所有问题,即信息在网络传输中的安全问题,还包括计算机本身固有的安全问题,如硬件系统、软件系统、操作流程等。

信息安全的概念的出现远远早于计算机的诞生,但计算机的出现,尤其是网络出现以后,信息安全变得更加复杂,更加"隐形"了。现代信息安全区别于传统意义上的信息介质安全,是专指电子信息的安全。其中实体安全是保护硬件设备、设施避免由天灾或人为等因素破坏的措施和过程;运行安全则是提供一套行之有效的安全措施来保护信息处理过程的安全,保障软件系统功能的安全实现。具体可分为以下六个方面:

1)计算机系统安全。为了给系统提供一个安全可靠的平台,必须有效地控制计算机系统内的硬件和软件资源,避免各种运行错误与硬件损坏,保证软、硬件资源都能够正常运行。

2)数据库安全。一般采用多种安全机制与操作系统相结合的方式,对数据库系统所管理的数据和资源提供有效的安全保护。

3)网络安全。即为网络通信或网络服务等网络应用提供一系列安全管理保护。例如,跟踪并记录网络的使用,监测系统状态的变化,对各种网络安全事故进行定位,提供某种程度的对紧急事件或安全事故的故障排除能力。

4)病毒防护安全。包括单机环境和网络环境下对计算机病毒的防护能力,主要依赖病毒防护产品达到预防、检测和消除病毒的目的。

5)访问控制安全。设置安全策略以限制各类用户对系统资源的访问权限和对敏感信息的存取权限。其中访问权限主要用来阻止非授权用户进入系统;而存取权限的控制主要是对授权用户进行级别检查,不同级别的用户存取权限也不尽相同。

6)加密安全。即为了保证数据的保密性和完整性,通过特定算法完成明文与密文的转换。例如,数字签名是为了确保数据不被篡改,虚拟专用网是为了实现数据在传输过程中的保密性和完整性而在双方之间建立唯一的安全通道。

2. 信息安全的目标

为保证信息只被其所有者安全使用,而不受到其他入侵者的破坏,可以通过使用信息安全的技术手段来完善信息的特性从而杜绝入侵者的攻击,使信息的所有者能放心地使用。信息安全的特性可归纳为保密性、完整性、可用性、可控性和不可否认性五个方面。

1)保密性。信息保密性通常有两方面体现,一方面通过设置权限阻止非授权用户的访问,保证信息只让合法用户使用;另一方面通过加密技术,即使非授权用户通过某种手段得到信息,也无法获知信息内容。另外,信息的保密性还可以具有不同的保密程度或时效。有所有用户都可以访问的公开信息,也有需要限制访问的敏感信息。还有的信息在超过一定期限时则失去保密的意义,则可以逾期予以解密处理。

2)完整性。信息完整性是指信息在存储、传输和提取的过程中保持不被修改、不被破坏、不被插入、不延迟、不乱序和不丢失的特性。一般通过访问控制阻止篡改行为，通过信息摘要算法来检验信息是否被篡改。完整性是数据未经授权不能进行改变的特性，其目的是保证信息系统上的数据处于一种完整和未损的状态，因此破坏信息的完整性是影响信息安全的常用手段。

3）可用性。信息可用性指的是信息可被合法用户访问并能按要求顺序使用的特性，即授权用户根据需要可以随时访问所需信息。可用性是信息资源服务功能和性能可靠性的度量，是对信息系统总体可靠性的要求。目前要保证系统和网络能提供正常的服务，除了备份和冗余配置外，没有特别有效的方法。例如，网络被中断就是对信息可用性的破坏。

4）可控性。信息可控性是指可以控制授权范围内的信息流向以及行为方式，对信息的传播及内容具有控制能力。信息安全目标的最终实现需要一套合适的控制机制来保证。例如，"密钥托管"和"密钥恢复"措施就是实现信息安全可控性的有效方法。

5）不可否认性。确信参与者本身和所提供的信息真实同一性，即所有参与者不可否认或抵赖本人的真实身份，以及提供信息的原样性和完成的操作与承诺。一般用数字签名和公证机制来保证不可否认性。

6.3.4　计算机知识产权与软件知识产权

随着网络的迅速发展，信息的来源方式和流通途径越来越多样化。共享资源为我们的工作生活带来便捷，但很少有人考虑到信息的来源是否合法，流通和扩散是否侵害了他人的利益，这就是在网络时代出现的新问题，即如何保护网络中的知识产权。

1. 软件著作权

著作权是知识产权的一个分支，是对自然科学、社会科学以及文学艺术思想等方面智慧创造者依法所享权利的集合。计算机软件是人类知识、经验、智慧和创造性劳动的结晶，是一种典型的由人的智力创造性劳动产生的"知识产品"，一套软件的研发需要一些专业人员花费相当多得时间进行创造性的智力劳动，经过结构设计、编写、不断的修改调试，最终达到用户需要的某种功能，实现它的社会价值。一般软件知识产权指的就是计算机软件的著作权。

2. 计算机软件保护条例

软件的著作权由微软最早提出建议，美国借鉴出版业的版权法内容首先建立了有关软件著作权的法律，保护了冉冉升起的软件行业的合法权益，促进了软件业的繁荣和微软的成功。我国软件保护的法律依据包括著作权法、专利法、商标法、合同法等，根据计算机软件的特点，我国已经初步建立了保护软件著作权的法律体系。1991年10月1日开始实施《计算机软件保护条例》。详细规定了计算机软件的定义，软件著作权、计算机软件的登记管理及其法律责任等问题，是我国最早的用于解释软件保护问题的权威文件。2002年1月1日开始实施新的《计算机软件保护条例》，并于2011年与2013年做了两次修订和补充。

受该条例保护的软件著作权人，是指对软件享有著作权的自然人、法人或者其他组织。条例第八条明确规定软件著作权人享有下列各项权利：

1）发表权，即决定软件是否公之于众的权利。

2）署名权，即表明开发者身份，在软件上署名的权利。

3）修改权，即对软件进行增补、删节，或者改变指令、语句顺序的权利。

4）复制权，即将软件制作一份或者多份的权利。

5）发行权，即以出售或者赠与方式向公众提供软件的原件或者复制件的权利。

6）出租权，即有偿许可他人临时使用软件的权利，但是软件不是出租的主要标的的除外。

7）信息网络传播权，即以有线或者无线方式向公众提供软件，使公众可以在其个人选定的时间和地点获得软件的权利。

8）翻译权，即将原软件从一种自然语言文字转换成另一种自然语言文字的权利。

9）应当由软件著作权人享有的其他权利。

软件著作权人可以许可他人行使其软件著作权，并有权获得报酬。

软件著作权人可以全部或者部分转让其软件著作权，并有权获得报酬。

以上权利自软件开发完成之日起产生，在规定的期限内著作权人的权利受到保护，但并不是永久性的。条例第十四条规定：软件著作权自软件开发完成之日起产生。

自然人的软件著作权，保护期为自然人终生及其死亡后 50 年，截止于自然人死亡后第 50 年的 12 月 31 日；软件是合作开发的，截止于最后死亡的自然人死亡后第 50 年的 12 月 31 日。

法人或者其他组织的软件著作权，保护期为 50 年，截止于软件首次发表后第 50 年的 12 月 31 日，但软件自开发完成之日起 50 年内未发表的，本条例不再保护。

软件的保护条例的施行保护了著作权人的权利，维护了软件商的利益，能够调整计算机软件在开发、传播和使用中发生的利益关系，鼓励计算机软件的开发与流通，很好地促进了计算机应用事业的发展。

6.3.5 计算机职业道德

1. 计算机犯罪

计算机犯罪是指对正在使用中的计算机系统，通过计算机操作或者其他手段危害计算机系统安全或利用正在使用中的计算机系统通过非法计算机操纵给社会造成严重危害应受刑罚处罚的行为。计算机犯罪具有以网络为中心，作案手段智能化、隐蔽性强，侦查取证难、破案难度大，犯罪后果严重、社会危害性大等特点。随着计算机的应用领域越来越广泛，计算机犯罪的类型和领域也不断地增加和扩展，从而使"计算机犯罪"这一术语随着时间的推移而不断涵括新的意义。因此在学术研究上关于计算机犯罪迄今为止还没有统一的定义。

我国著名法学家赵秉志认为：所谓计算机犯罪，是指利用计算机操作所实施的危害计算机信息系统（包括内存数据及程序）安全的犯罪行为。此外，我国新刑法明确规定侵入国家事务、经济建设、国防建设、尖端科学技术领域的计算机信息系统，故意破坏数据、应用数据，故意制作、传播破坏性程序等行为构成计算机犯罪。

2. 计算机安全相关立法

我国在计算机安全立法方面正在不断地完善当中。已出台的法律、法规有：《中华人民共和国计算机软件保护条例》《中华人民共和国计算机信息系统安全保护条例》《中华人民共和国计算机信息网络国际联网管理暂行规定》《中华人民共和国计算机信息网络国际联网管理暂行规定实施办法》《计算机病毒防治管理办法》《计算机信息系统安全专用产品检测和销售许可证管理办法》《计算机信息网络国际联网安全保护管理办法》，并且在《中华人

211

民共和国刑法》中，第二百八十五条至第二百八十七条有关计算机犯罪的内容，列举如下：

（1）刑法第二百八十五条规定　非法侵入计算机信息系统罪；非法获取计算机信息系统数据、非法控制计算机信息系统罪；提供侵入、非法控制计算机信息系统程序、工具罪：违反国家规定，侵入国家事务、国防建设、尖端科学技术领域的计算机信息系统的，处三年以下有期徒刑或者拘役。

（2）刑法第二百八十六条规定　破坏计算机信息系统罪；网络服务渎职罪：违反国家规定，对计算机信息系统功能进行删除、修改、增加、干扰，造成计算机信息系统不能正常运行，后果严重的，处五年以下有期徒刑或者拘役；后果特别严重的，处五年以上有期徒刑。

违反国家规定，对计算机信息系统中存储、处理或者传输的数据和应用程序进行删除、修改、增加的操作，后果严重的，依照前款的规定处罚。

故意制作、传播计算机病毒等破坏性程序，影响计算机系统正常运行，后果严重的，依照第一款的规定处罚。

（3）刑法第二百八十七条规定　利用计算机实施犯罪的提示性规定：利用计算机实施金融诈骗、盗窃、贪污、挪用公款、窃取国家秘密或者其他犯罪的，依照本法有关规定定罪处罚。

3．计算机职业道德

各行各业都有自己的职业道德要求，随着计算机的迅猛发展，社会对这个职业也赋予了一定的要求。作为一种不同于其他职业的特殊职业，计算机职业有着与众不同的职业道德和行为准则，且这些职业道德和行为准则是每一个计算机职业人员都要共同遵守的。

计算机行业的特点决定了计算机专业人员应严格遵守的职业道德规范，例如：从事计算机系统收集、加工、整理、存储信息，为各行业提供各种各样的信息服务的工作，要求从业人员严格尊重客户的隐私；从事电子计算机软件开发与制造等工作，要求从业人员能够尊重包括版权和专利在内的财产权；信息传递时，要及时、准确、完整地传送到目的地，要求从业人员能够重视合同、协议和指定的责任。

6.4　热门新技术概览

随着计算机信息技术的迅猛发展，计算机技术的应用迅速渗透到社会生活的各个方面，当前世界正面临百年未有之大变局，计算机新技术科技和产业革命正在蓬勃发展。人工智能、5G、云计算、大数据、物联网等新技术加速应用和发展，形成了新一代计算机信息技术核心能力，促进科技创新的同时，也在推动全世界的改变与升级。

6.4.1　人工智能

人工智能（Artificial Intelligence，AI）是研究、开发用于模拟、延伸和扩展人的智能的理论、方法、技术及应用系统的一门新的技术科学。

近年来，人工智能可谓是科技领域热门的话题，伴随着深度学习方法在应用中的不断演进和完善，以及移动互联网、大数据、云计算等新技术融合创新，人工智能领域发展迅速，人工智能技术的发展呈现集中爆发态势，尤其在机器人、语言识别、图像识别、自然语言处理和专家系统等方面。人工智能从诞生以来，理论和技术日益成熟，应用领域也不断扩大，可以设想，未来人工智能带来的科技产品，将会是人类智慧的"容器"。人工智能可以对人的意识、思维的信息过程进行模拟。人工智能不是人的智能，但能像人那样思考，也可能超过人的智能。人工智能应用前景广阔，是继数字化和网络化后，成了新一代信息技术发展的重要方向，有望引领信息通信产业的革命性突破。人工智能也成为产业界争夺的前沿领域。

人工智能作为21世纪科技领域最为前沿的技术之一，对促进技术创新、提升国家竞争力将产生深远的影响，各国已经把人工智能作为科技技术争夺的重要领域之一。

这是一门极富挑战性的科学，从事这项工作的人必须懂得计算机知识，心理学和哲学。人工智能是包括十分广泛的科学，它由不同的领域组成，如机器学习、计算机视觉等。总的说来，人工智能研究的一个主要目标是使机器能够胜任一些通常需要人类智能才能完成的复杂工作。

1. 人工智能研究的基本内容

知识表示：将人类知识形式化或者模型化。

机器感知：使机器（计算机）具有类似于人的感知能力。以机器视觉与机器听觉为主。

机器思维：对通过感知得来的外部信息及机器内部的各种工作信息进行有目的的处理。

机器学习：研究如何使计算机具有类似于人的学习能力，使它能通过学习自动地获取知识。

机器行为：计算机的表达能力，即说、写、画等能力。

2. 人工智能的应用

2016年阿法狗（AlphaGo）大战韩国围棋九段李世石，以4∶1的总比分获胜；2017年5月，在中国乌镇围棋峰会上，它与排名世界第一的世界围棋冠军柯洁对战，以3∶0的总比分获胜。打败李世石的AlphaGo用了3000万盘比赛作为训练数据。AlphaGo采用深度学习和强化学习相结合的方法来进行决策和判断，从目前的围棋盘面来判断未来有利的走向，结果表明深度学习算法使得其40天便得到了相当于人类数千年的经验，远超人类预期。也就是说，AlphaGo算法可以通过大数据分析，对"现在状态"有一个更为深入的理解。围棋中所走的每一步，可以理解为对未来局势走向的判断和预测，这个状态可以是棋盘，也可以拓展到各种需要做判断的情况，例如商业决策和博弈方面。而且，为了提高机器的学习能力，AlphaGo还引入了自我博弈，也就是机器自己和自己玩游戏，这样通过反馈进一步提升机器对现在状态的适应能力，进而产生新的策略。

无人驾驶主要以车内的计算机系统为主的智能驾驶仪来实现无人驾驶，它是利用车载传感器来感知车辆周围环境，并根据感知所获得的道路、车辆位置和障碍物信息，控制车辆的转向和速度，从而使车辆能够安全、可靠地在道路上行驶。无人驾驶的两大核心就是自主循迹和合理避障。

谷歌作为最先发展无人驾驶技术的公司，其研制的全自动驾驶汽车能够实现自动起动行驶与停车。谷歌无人驾驶汽车通过摄像机、雷达传感器和激光测距仪来"看到"其他车辆，并使用详细的地图来进行导航。谷歌自动驾驶汽车项目重组为一家名为Waymo的独立公司。Waymo于2017年11月7日对外宣布，将对不配备安全驾驶员的无人驾驶汽车进行测试。除了传统汽车业强国与谷歌等互联网企业已经开始无人驾驶汽车的研发并且已经取得了相当好的成果之外，苹果、Uber等也已经将业务范围向无人驾驶汽车倾斜。据称，谷歌无人驾驶汽车一共记录的里程数据已经达到了200万多英里$^{\ominus}$。加州机车辆管理局（DMV）发布的

$\ominus$　1英里＝1609. 344米。

《2018 年自动驾驶接管报告》显示：谷歌旗下的 Waymo 继续称雄，多数传统车企被远远抛在后面，即使全球汽车龙头企业丰田、奔驰也不能例外。国内百度汽车同样进行了无人驾驶汽车在北京道路的实验。

人工智能在生活中有没有应用呢？大家最常用的智能美颜就是人工智能的应用，即在相机中融入人工智能的技术，在拍照的时候，相机会自动识别人像，分析面部特征，然后自动填补肌肤上的瑕疵，构造出最佳的拍摄场景。这就使我们拍出的照片更加好看，也就是我们所说的智能；还有最为熟知的应用就是手机智能语音，比如像苹果的 Siri 语音，它能够将识别的语音分门别类，再转换成语句发声，和提问者产生互动。

人工智能是一门庞大的技术体系，包含机器学习、深度学习、人机交互、自然语言、机器视觉等多个领域的技术，但都是以基础层处理器、芯片等支撑人工智能技术的核心能力。

6.4.2 大数据

大数据（Big Data）是指无法在一定时间范围内用常规软件工具进行捕捉、管理和处理的数据集合，是需要新处理模式才能具有更强的决策力、洞察发现力和流程优化能力的海量、高增长率和多样化的信息资产。

1. 大数据特征

容量（Volume）：数据的大小决定所考虑的数据的价值和潜在的信息。

种类（Variety）：数据类型的多样性。

速度（Velocity）：指获得数据的速度。

可变性（Variability）：妨碍了处理和有效地管理数据的过程。

真实性（Veracity）：数据的质量。

复杂性（Complexity）：数据量巨大，来源多渠道。

价值（value）：合理运用大数据，以低成本创造高价值。

2. 大数据结构

大数据包括结构化、半结构化和非结构化数据，非结构化数据越来越成为数据的主要部分。在以云计算为代表的技术创新大幕的衬托下，这些原本看起来很难收集和使用的数据开始容易被利用起来了，通过各行各业的不断创新，大数据会逐步为人类创造更多的价值。想要系统的认知大数据，必须要全面而细致的分解它，着手从三个层面来展开：

1）理论，理论是认知的必经途径，也是被广泛认同和传播的基线。在这里从大数据的特征定义理解行业对大数据的整体描绘和定性；从对大数据价值的探讨来深入解析大数据的珍贵所在；洞悉大数据的发展趋势；从大数据隐私这个特别而重要的视角审视人和数据之间的长久博弈。

2）技术，技术是大数据价值体现的手段和前进的基石。在这里分别从云计算、分布式处理技术、存储技术和感知技术的发展来说明大数据从采集、处理、存储到形成结果的整个过程。

3）实践，实践是大数据的最终价值体现。在这里分别从互联网的大数据、政府的大数据、企业的大数据和个人的大数据四个方面来描绘大数据已经展现的美好景象及即将实现的蓝图。

3. 大数据趋势

（1）数据的资源化 何为资源化，是指大数据成为企业和社会关注的重要战略资源，并已成为大家争相抢夺的新焦点。因而，企业必须要提前制定大数据营销战略计划，抢占市场先机。

（2）与云计算的深度结合　大数据离不开云处理，云处理为大数据提供了弹性可拓展的基础设备，是产生大数据的平台之一。自 2013 年开始，大数据技术已开始和云计算技术紧密结合，预计未来两者关系将更为密切。除此之外，物联网、移动互联网等新兴计算形态，也将一齐助力大数据革命，让大数据营销发挥出更大的影响力。

（3）科学理论的突破　随着大数据的快速发展，就像计算机和互联网一样，大数据很有可能是新一轮的技术革命。随之兴起的数据挖掘、机器学习和人工智能等相关技术，可能会改变数据世界里的很多算法和基础理论，实现科学技术上的突破。

（4）数据科学和数据联盟的成立　未来，数据科学将成为一门专门的学科，被越来越多的人所认知。各大高校将设立专门的数据科学类专业，也会催生一批与之相关的新的就业岗位。与此同时，基于数据这个基础平台，也将建立起跨领域的数据共享平台，之后，数据共享将扩展到企业层面，并且成为未来产业的核心一环。

（5）数据泄露泛滥　未来几年数据泄露事件的增长率也许会达到100%，除非数据在其源头就能够得到安全保障。可以说，在未来，每个财富 500 强企业都会面临数据攻击，无论它们是否已经做好安全防范。而所有企业，无论规模大小，都需要重新审视今天的安全定义。在财富 500 强企业中，超过 50%将会设置首席信息安全官这一职位。企业需要从新的角度来确保自身以及客户数据，所有数据在创建之初便需要获得安全保障，而并非在数据保存的最后一个环节，仅仅加强后者的安全措施已被证明于事无补。

（6）数据管理成为核心竞争力　数据管理成为核心竞争力，直接影响财务表现。当"数据资产是企业核心资产"的概念深入人心之后，企业对于数据管理便有了更清晰的界定，将数据管理作为企业核心竞争力，持续发展，战略性规划与运用数据资产，成为企业数据管理的核心。数据资产管理效率与主营业务收入增长率、销售收入增长率显著正相关；此外，对于具有互联网思维的企业而言，数据资产竞争力所占比重为 36.8%，数据资产的管理效果将直接影响企业的财务表现。

（7）数据质量是 BI（商业智能）成功的关键　采用自助式商业智能工具进行大数据处理的企业将会脱颖而出。其中要面临的一个挑战是，很多数据源会带来大量低质量数据。想要成功，企业需要理解原始数据与数据分析之间的差距，从而消除低质量数据并通过 BI 获得更佳决策。

（8）数据生态系统复合化程度加强　大数据的世界不只是一个单一的、巨大的计算机网络，而是一个由大量活动构件与多元参与者元素所构成的生态系统，终端设备提供商、基础设施提供商、网络服务提供商、网络接入服务提供商、数据服务使能者、数据服务提供商、数据服务零售商等一系列的参与者共同构建的生态系统。而今，这样一套数据生态系统的基本雏形已然形成，接下来的发展将趋向于系统内部角色的细分。也就是市场的细分。系统机制的调整，也就是商业模式的创新；系统结构的调整，也就是竞争环境的调整等，从而使得数据生态系统复合化程度逐渐增强。

6.4.3　云计算

云计算（Cloud Computing）是分布式计算的一种，指的是通过网络"云"将巨大的数据计算处理程序分解成无数个小程序，然后通过多个服务器组成的系统进行处理和分析这些小程序得到结果并返回给用户。云计算早期，简单地说，就是简单的分布式计算，解决任务分发，并进行计算结果的合并。因而，云计算又称为网格计算。通过这项技术，可以在很短的时间内（几秒钟）完成对数以万计的数据的处理，从而达到强大的网络服务。

现阶段所说的云服务已经不单单是一种分布式计算，而是分布式计算、效用计算、负载均衡、并行计算、网络存储、热备份冗杂和虚拟化等计算机技术混合演进并跃升的结果。

"云"实质上就是一个网络，狭义上讲，云计算就是一种提供资源的网络，使用者可以随时获取"云"上的资源，按需求量使用，并且可以看成是无限扩展的，只要按使用量付费就可以。"云"就像自来水厂一样，我们可以随时接水，并且不限量，按照自己家的用水量，付费给自来水厂就可以。

从广义上说，云计算是与信息技术、软件、互联网相关的一种服务，这种计算资源共享池叫作"云"，云计算把许多计算资源集合起来，通过软件实现自动化管理，只需要很少的人参与，就能让资源被快速提供。也就是说，计算能力作为一种商品，可以在互联网上流通，就像水、电、煤气一样，可以方便地取用，且价格较为低廉。

总之，云计算不是一种全新的网络技术，而是一种全新的网络应用概念，云计算的核心概念就是以互联网为中心，在网站上提供快速且安全的云计算服务与数据存储，让每一个使用互联网的人都可以使用网络上的庞大计算资源与数据中心。

云计算是继计算机、互联网后在信息时代又一种新的革新，云计算是信息时代的一个大飞跃，未来的时代可能是云计算的时代。虽然目前有关云计算的定义有很多，但总体上来说，云计算的基本含义是一致的，即云计算具有很强的扩展性和需要性，可以为用户提供一种全新的体验。云计算的核心是可以将很多的计算机资源协调在一起，因此，使用户通过网络就可以获取到无限的资源，同时获取的资源不受时间和空间的限制。

1. 云计算特点

云计算的可贵之处在于高灵活性、可扩展性和高性价比等，与传统的网络应用模式相比，其具有如下优势与特点：

（1）虚拟化技术 必须强调的是，虚拟化突破了时间、空间的界限，是云计算最为显著的特点，虚拟化技术包括应用虚拟和资源虚拟两种。众所周知，物理平台与应用部署的环境在空间上是没有任何联系的，正是通过虚拟平台对相应终端操作完成数据备份、迁移和扩展等。

（2）动态可扩展 云计算具有高效的运算能力，在原有服务器基础上增加云计算功能能够使计算速度迅速提高，最终实现动态扩展虚拟化的层次达到对应用进行扩展的目的。

（3）按需部署 计算机包含了许多应用、程序软件等，不同的应用对应的数据资源库不同，所以用户运行不同的应用需要较强的计算能力对资源进行部署，而云计算平台能够根据用户的需求快速配备计算能力及资源。

（4）灵活性高 目前市场上大多数 IT 资源、软件、硬件都支持虚拟化，比如存储网络、操作系统和开发软、硬件等。虚拟化要素统一放在云系统资源虚拟池当中进行管理，可见云计算的兼容性非常强，不仅可以兼容低配置机器、不同厂商的硬件产品，还能够外设获得更高性能计算。

（5）可靠性高 倘若服务器故障也不影响计算与应用的正常运行。因为单点服务器出现故障可以通过虚拟化技术将分布在不同物理服务器上面的应用，进行恢复或利用动态扩展功能部署新的服务器进行计算。

（6）性价比高　将资源放在虚拟资源池中统一管理在一定程度上优化了物理资源，用户不再需要昂贵、存储空间大的主机，可以选择相对廉价的 PC 组成云，一方面减少费用，另一方面计算性能不逊于大型主机。

（7）可扩展性　用户可以利用应用软件的快速部署条件来更为简单快捷的将自身所需的已有业务以及新业务进行扩展。例如，计算机云计算系统中出现设备故障，对于用户来说，无论是在计算机层面上，抑或是在具体运用上均不会受到阻碍，可以利用计算机云计算具有的动态扩展功能来对其他服务器开展有效扩展。这样一来就能够确保任务得以有序完成。在对虚拟化资源进行动态扩展的情况下，同时能够高效扩展应用，提高计算机云计算的操作水平。

2. 云计算实现形式

云计算是建立在先进互联网技术基础之上的，其实现形式众多，主要通过以下形式完成：

1）软件即服务。通常用户发出服务需求，云系统通过浏览器向用户提供资源和程序等。值得一提的是，利用浏览器应用传递服务信息不花费任何费用，供应商亦是如此，只要做好应用程序的维护工作即可。

2）网络服务。开发者能够在 API 的基础上不断改进、开发出新的应用产品，大大提高单机程序中的操作性能。

3）平台服务。一般服务于开发环境，协助中间商对程序进行升级与研发，同时完善用户下载功能，用户可通过互联网下载，具有快捷、高效的特点。

4）互联网整合。利用互联网发出指令时，也许同类服务众多，云系统会根据终端用户需求匹配相适应的服务。

5）商业服务平台。构建商业服务平台的目的是为了给用户和提供商提供一个沟通平台，从而需要管理服务和软件即服务搭配应用。

6）管理服务提供商。此种应用模式并不陌生，常服务于 IT 行业，常见服务内容有：扫描邮件病毒、监控应用程序环境等。

3. 云计算存在的安全威胁

（1）云计算安全中隐私被窃取　随着时代的发展，人们运用网络进行交易或购物，网上交易在云计算的虚拟环境下进行，交易双方会在网络平台上进行信息之间的沟通与交流。而网络交易存在着很大的安全隐患，不法分子可以通过云计算对网络用户的信息进行窃取，同时还可以在用户与商家进行网络交易时，来窃取用户和商家的信息。当有企图的不法分子在云计算的平台中窃取信息后，就会采用一些技术手段对信息进行破解，同时对信息进行分析，以此发现用户更多的隐私信息，用户和商家可能会遭到声誉和财产的损害和损失，还可能导致知识产权损失或重大法律责任。

（2）云计算中资源被冒用　云计算的环境有着虚拟的特性，而用户通过云计算在网络交易时，需要在保障双方网络信息都安全时才会进行网络的操作。但是云计算中储存的信息很多，同时在云计算中的环境也比较的复杂，云计算中的数据会出现滥用的现象。这样会影响用户的信息安全，同时造成一些不法分子利用被盗用的信息进行欺骗用户亲人的行为，同时还会有一些不法分子会利用这些在云计算中盗用的信息进行违法交易，以此造成云计算中用户的经济遭到损失，这些都是云计算信息被冒用引起的，同时这些都严重威胁了云计算的安全。

（3）云计算中容易出现黑客的攻击　黑客攻击指的是利用一些非法的手段进入云计算的安全系统，给云计算的安全网络带来一定的破坏的行为。黑客入侵到云计算后，给云计算的操作带来未知性，同时造成的损失也很大，且造成的损失无法预测，所以黑客入侵给云计算带来的危害大于病毒给云计算带来的危害。此外，黑客入侵的速度远大于安全评估和安全系统的更新速度，使得当今黑客入侵到计算机后，给云计算带来巨大的损失，同时现有技术也无法对黑客攻击进行预防，这也是造成当今云计算不安全的问题之一。

（4）云计算中容易出现病毒　在云计算中，大量的用户通过云计算将数据存储到其中，当云计算出现异常时，就会出现一些病毒，这些病毒的出现会导致以云计算为载体的计算机无法正常工作的现象。同时这些病毒还能进行复制，并通过一些途径进行传播，这样就会导致以云计算为载体的计算机出现死机的现象。同时，因为互联网的传播速度很快，导致云计算或计算机一旦出现病毒，就会很快地进行传播，这样会产生很大的攻击力。

4. 云计算的应用

较为简单的云计算技术已经普遍存在于现如今的互联网服务中，最为常见的就是网络搜索引擎和网络邮箱。搜索引擎大家最为熟悉的莫过于谷歌和百度了，在任何时刻，只要用移动终端就可以在搜索引擎上搜索任何自己想要的资源，通过云端共享数据资源。而网络邮箱也是如此，在过去，寄写一封邮件是一件比较麻烦的事情，同时也是很慢的过程，而在云计算技术和网络技术的推动下，电子邮箱成了社会生活中的一部分，只要在网络环境下，就可以实现实时的邮件的寄发。其实，云计算技术已经融入现今的社会生活。

（1）存储云　存储云又称云存储，是在云计算技术上发展起来的一个新的存储技术。云存储是一个以数据存储和管理为核心的云计算系统。用户可以将本地的资源上传至云端，可以在任何地方连入互联网来获取云端的资源。大家所熟知的谷歌、微软等大型网络公司均有云存储的服务，在国内，百度云和微云则是市场占有量较大的存储云。存储云向用户提供了存储容器服务、备份服务、归档服务和记录管理服务等，大大方便了使用者对资源的管理。

（2）医疗云　医疗云是指在云计算、多媒体、5G 通信、大数据，以及物联网等新技术基础上，结合医疗技术，使用"云计算"来创建医疗健康服务云平台，实现了医疗资源的共享和医疗范围的扩大。因为云计算技术的运用，医疗云提高了医疗机构的效率，方便居民就医。像现在医院的预约挂号、电子病历、医保等都是云计算与医疗领域结合的产物，医疗云还具有数据安全、信息共享、动态扩展、布局全国的优势。

（3）金融云　金融云是指利用云计算的模型，将信息、金融和服务等功能分散到庞大分支机构构成的互联网"云"中，旨在为银行、保险和基金等金融机构提供互联网处理和运行服务，同时共享互联网资源，从而解决现有问题并且达到高效、低成本的目标。在2013 年 11 月 27 日，阿里云整合阿里巴巴旗下资源并推出来阿里金融云服务。其实，这就是现在基本普及了的快捷支付，因为金融与云计算的结合，现在只需要在手机上简单操作，就可以完成银行存款、购买保险和基金买卖。现在，不仅仅阿里巴巴推出了金融云服务，像苏宁金融、腾讯等企业均推出了自己的金融云服务。

（4）教育云　教育云实质上是指教育信息化的一种发展。具体的，教育云可以将所需要的任何教育硬件资源虚拟化，然后将其传入互联网中，以向教育机构和学生老师提供一个方便快捷的平台。现在流行的慕课就是教育云的一种应用。慕课（MOOC），指的是大规模开放的在线课程。现阶段慕课的三大优秀平台为 Coursera、edX 和 Udacity，在国内，中国大学 MOOC 也是非常好的平台。在 2013 年 10 月 10 日，清华大学推出 MOOC 平台——学堂在线，许多大学已使用学堂在线开设了 MOOC 课程。

6.4.4　物联网

物联网（Internet of Things，IOT）是指通过信息传感器、射频识别技术、全球定位系统、红外感应器、激光扫描器等各种装置与技术，实时采集任何需要监控、连接、互动的物体或过程，采集其声、光、热、电、力学、化学、生物、位置等各种需要的信息，通过各类可能的网络接入，实现物与物、物与人的泛在连接，实现对物品和过程的智能化感知、识别和管理。物联网是一个基于互联网、传统电信网等的信息承载体，它让所有能够被独立寻址的普通物理对象形成互联互通的网络。

1. 物联网的关键技术

（1）射频识别技术　谈到物联网，就不得不提到物联网发展中备受关注的射频识别技术（Radio Frequency Identification，RFID）。RFID 是一种简单的无线系统，由一个询问器（或阅读器）和很多应答器（或标签）组成。标签由耦合元件及芯片组成，每个标签具有扩展词条唯一的电子编码，附着在物体上标识目标对象，它通过天线将射频信息传递给阅读器，阅读器就是读取信息的设备。RFID 让物品能够"开口说话"。这就赋予了物联网一个特性即可跟踪性。就是说人们可以随时掌握物品的准确位置及其周边环境。据 Sanford C. Bernstein 公司的零售业分析师估计，关于物联网 RFID 带来的这一特性，可使沃尔玛每年节省 83.5 亿美元，其中大部分是因为不需要人工查看进货的条码而节省的劳动力成本。RFID 帮助零售业解决了商品断货和损耗（因盗窃和供应链被搅乱而损失的产品）两大难题，而现在单是盗窃一项，沃尔玛一年的损失就达近 20 亿美元。

（2）传感网　微机电系统（Micro Electro Mechanical Systems，MEMS）是由微传感器、微执行器、信号处理和控制电路、通信接口和电源等部件组成的一体化的微型器件系统。其目标是把信息的获取、处理和执行集成在一起，组成具有多功能的微型系统，集成于大尺寸系统中，从而大幅度地提高系统的自动化、智能化和可靠性水平。它是比较通用的传感器。因为 MEMS 赋予了普通物体新的生命，它们有了属于自己的数据传输通路、存储功能、操作系统和专门的应用程序，从而形成一个庞大的传感网。这让物联网能够通过物品来实现对人的监控与保护。遇到酒后驾车的情况，如果在汽车和汽车点火钥匙上都植入微型感应器，那么当喝了酒的司机掏出汽车钥匙时，钥匙能通过气味感应器察觉到酒气，就通过无线信号立即通知汽车"暂停发动"，汽车便会处于休息状态。同时"命令"司机的手机给他的亲朋好友发短信，告知司机所在位置，提醒亲友尽快来处理。不仅如此，未来衣服可以"告诉"洗衣机放多少水和洗衣粉最经济；文件夹会"检查"我们忘带了什么重要文件；食品蔬菜的标签会向顾客的手机介绍"自己"是否真正"绿色安全"。这就是物联网世界中被"物"化的结果。

（3）M2M 系统框架　M2M（Machine to Machine/Man）是一种以机器终端智能交互为核心的、网络化的应用与服务。它将使对象实现智能化的控制。M2M 技术涉及 5 个重要的技术部分：机器、M2M 硬件、通信网络、中间件、应用。基于云计算平台和智能网络，可以依据传感器网络获取的数据进行决策，改变对象的行为进行控制和反馈。拿智能停车场来说，当车辆驶入或离开天线通信区时，天线以微波通信的方式与电子识别卡进行双向数据交换，从电子车卡上读取车辆的相关信息，在司机卡上读取司机的相关信息，自动识别电子车卡和司机卡，并判断车卡是否有效和司机卡的合法性，核对车道控制计算机显示与该电子车卡和司机卡一一对应的车牌号码及驾驶员等资料信息；车道控制计算机自动将通过时间、车辆和驾驶员的有关信息存入数据库中，车道控制计算机根据读到的数据判断是正常卡、未授权卡、无卡还是非法卡，据此做出相应的回应和提示。另外，家中老人戴上嵌入智能传感器的手表，在外地的子女可以随时通过手机查询老人的血压、心跳是否稳定；智能化的住宅在主人上班时，传感器自动关闭水电气和门窗，定时向主人的手机发送消息，汇报安全情况。

（4）云计算　云计算旨在通过网络把多个成本相对较低的计算实体整合成一个具有强大计算能力的完美系统，并借助先进的商业模式让终端用户可以得到这些强大计算能力的服务。如果将计算能力比作发电能力，那么从古老的单机发电模式转向现代电厂集中供电的模式，就好比现在大家习惯的单机计算模式转向云计算模式，而"云"就好比发电厂，具有单机所不能比拟的强大计算能力。这意味着计算能力也可以作为一种商品进行流通，就像煤气、水、电一样，取用方便、费用低廉，以至于用户无须自己配备。与电力是通过电网传输不同，计算能力是通过各种有线、无线网络传输的。因此，云计算的一个核心理念就是通过不断提高"云"的处理能力，不断减少用户终端的处理负担，最终使其简化成一个单纯的输入输出设备，并能按需享受"云"强大的计算处理能力。物联网感知层获取大量数据信息，在经过网络层传输以后，放到一个标准平台上，再利用高性能的云计算对其进行处理，赋予这些数据智能，才能最终转换成对终端用户有用的信息。

2. 物联网的应用

物联网的应用领域涉及方方面面，在工业、农业、环境、交通、物流、安保等基础设施领域的应用，有效地推动了这些方面的智能化发展，使得有限的资源更加合理的使用分配，从而提高了行业效率和效益。在家居、医疗健康、教育、金融与服务业、旅游业等与生活息息相关的领域的应用，从服务范围、服务方式到服务的质量等方面都有了极大的改进，大大地提高了人们的生活质量。在涉及国防军事领域方面，虽然还处在研究探索阶段，但物联网应用带来的影响也不可小觑，大到卫星、导弹、飞机、潜艇等装备系统，小到单兵作战装备，物联网技术的嵌入有效提升了军事智能化、信息化、精准化，极大提升了军事战斗力，是未来军事变革的关键。

（1）智能交通　物联网技术在道路交通方面的应用比较成熟。随着社会车辆越来越普及，交通拥堵甚至瘫痪已成为城市的一大问题。对道路交通状况实时监控并将信息及时传递给驾驶人，让驾驶人及时做出出行调整，有效缓解了交通压力；高速路口设置道路自动收费系统（简称ETC），免去进出口取卡、还卡的时间，提升车辆的通行效率；公交车上安装定位系统，能及时了解公交车行驶路线及到站时间，乘客可以根据搭乘路线确定出行，免去不必要的时间浪费。社会车辆增多，除了会带来交通压力外，停车难也日益成为一个突出问题，不少城市推出了智慧路边停车管理系统，该系统基于云计算平台，结合物联网技术与移动支付技术，共享车位资源，提高车位利用率和用户的方便程度。该系统可以兼容手机模式和射频识别模式，通过手机端APP软件可以实现及时了解车位信息、车位位置，提前做好预定并实现交费等操作，很大程度上解决了"停车难、难停车"的问题。

（2）智能家居　智能家居就是物联网在家庭中的基础应用，随着宽带业务的普及，智能家居产品涉及方方面面。家中无人，可利用手机等产品客户端远程操作智能空调，调节室温，智能空调甚至还可以学习用户的使用习惯，从而实现全自动的温控操作，使用户在炎炎夏季回家就能享受到冰爽带来的惬意；通过客户端实现智能灯泡的开关、调控灯泡的亮度和颜色等；插座内置 Wi-Fi，可实现遥控插座定时通断电流，甚至可以监测设备用电情况，生成用电图表让你对用电情况一目了然，安排资源使用及开支预算；智能体重秤，监测运动效果，内置可以监测血压、脂肪量的先进传感器，内定程序根据身体状态提出健康建议；智能牙刷与客户端相连，提供刷牙时间、刷牙位置提醒，可根据刷牙的数据产生图表，显示口腔的健康状况；智能摄像头、窗户传感器、智能门铃、烟雾探测器、智能报警器等都是家庭不可缺少的安全监控设备，你即使出门在外，也可以在任意时间、地方查看家中任何一角的实时状况，任何安全隐患。看似烦琐的家居生活因为物联网变得更加轻松、美好。

（3）公共安全　近年来全球气候异常情况频发，灾害的突发性和危害性进一步加大，通过物联网技术可以实时监测环境的不安全情况，提前预防、实时预警，及时采取应对措施，降低灾害对人类生命财产的威胁。美国布法罗大学早在 2013 年就提出研究深海互联网项目，通过特殊处理的感应装置置于深海处，分析水下相关情况，海洋污染的防治、海底资源的探测，甚至对海啸也可以提供更加可靠的预警。该项目在当地湖水中进行试验，获得成功，为进一步扩大使用范围提供了基础资料。利用物联网技术可以智能感知大气、土壤、森林、水资源等方面各指标数据，对于改善人类生活环境发挥巨大作用。

实验操作 1　360 杀毒软件的安装与使用

【实验目的】

1. 掌握 360 杀毒软件的安装。

2. 掌握 360 杀毒软件的查杀设置。

【实验内容及步骤】

1. 360 杀毒软件的安装

1）访问 360 杀毒官网：https：//sd. 360. cn/，如图 6-18 所示。（如果计算机中安装有其他查毒软件，建议卸载并重启后再安装。）

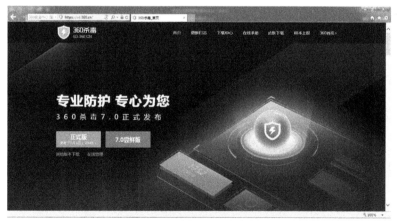

图 6-18　访问 360 杀毒官网

2）在"下载中心"选择合适计算机系统的安装包下载，如图 6-19 所示。

3）双击安装程序，首先确定安装目录，默认为 C 盘安装，也可以单击"更改目录"按钮，在弹出界面选择自定义目录进行安装。最后在界面中勾选"阅读并同意许可使用协议和隐私保护说明"复选框，并单击"立即安装"按钮开始安装，如图 6-20 所示。

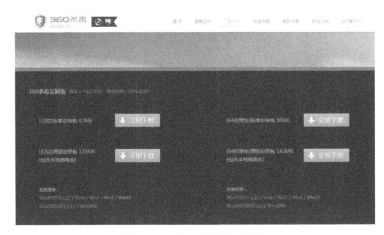

图 6-19　选择适合的安装包

4）自动安装完成后，进入 360 杀毒初始界面，如图 6-21 所示。

图 6-20　安装杀毒软件

图 6-21　360 杀毒初始界面

2. 360 杀毒软件的设置

1）查看防护状态：单击界面上的"防护中心"，显示多重防御系统界面，可根据需要开启或关闭防护种类，如图 6-22 所示。

2）常规设置：在 360 杀毒主界面中单击"设置"命令，打开"设置"对话框如图 6-23 所示。在"常规设置"区域中可以对常规选项、自我保护状态、定时查毒进行设置。

图 6-22　360 多重防御系统

3）病毒扫描设置：在打开的"病毒扫描设置"区域（见图 6-24）中，可以对需要扫描的文件类型、发现病毒时的处理方式、其他扫描选项、定时查毒等参数进行设置。

222

图 6-23　360 杀毒的"设置"对话框

图 6-24　病毒扫描设置

4）实时防护设置：在打开的"实时防护设置"区域，如图 6-25 所示，可以对防护级别、监控的文件类型、发现病毒时的处理方式、其他防护选项进行设置。

图 6-25　实时防护设置

5）其他设置可按需求调整也可默认选项。

实验操作 2　360 安全卫士的安装与使用

【实验目的】

1. 掌握 360 安全卫士的安装。

2. 掌握 360 安全卫士的查杀设置。

【相关知识】

1. 360 安全卫士基本介绍。

360 安全卫士是一款永久免费杀毒防毒软件，拥有电脑体检、木马查杀、电脑清理、系统修复、优化加速等多种常用功能，并独创了"木马防火墙"功能，依靠抢先侦测和 360 安全中心云端鉴别，可全面、智能地拦截各类木马，保护用户的账号、隐私等重要信息。其自身非常轻巧，同时还具备开机加速、垃圾清理等多种系统优化功能，可大大加快计算机运行速度，内含的 360 软件管家、360 网盾还可帮助用户轻松下载、升级和强力卸载各种应用软件，以及帮助用户拦截广告、安全下载、聊天和上网保护。

2. 360 安全卫士常用功能。

1）电脑体检——对计算机进行全面检查。

2）木马查杀——查杀木马病毒，拦截可疑行为。

3）电脑清理——清理计算机垃圾，清除插件痕迹。

4）系统修复——修补计算机漏洞，修复系统故障。

5）优化加速——开机加速，优化网络配置、硬盘传输效率，全面提升计算机性能。

6）功能大全——提供几十种各式各样的功能，包含电脑安全、数据安全、网络优化、系统优化、游戏优化相关的各种实用工具。

7）软件管家——安全下载和管理软件的工具。

【实验内容及步骤】

1. 360 安全卫士的安装。

访问 360 官方网站（http：//www.360.cn/）下载安全卫士。本文以 360 安全卫士 12.0 版为例。

1）双击安装程序，出现如图 6-26 所示界面。首先确定安装目录，默认为 C 盘安装，也可以单击盘符，在弹出的界面选择自定义目录。

图 6-26　运行安装程序

2）在初始界面中单击"同意并安装"按钮开始安装，如图 6-27 所示。

3）安装完成后，自动弹出 360 安全卫士主界面，如图 6-28 所示。

2. 360 安全卫士的设置。

在安全卫士的主界面中单击右侧"安全防护中心"，进入如图 6-29 所示的防御设置界面，然后在防御设置界面中单击右上角的"安全设置"图标，进入详细设置界面。

1）网页安全防护：如图 6-30 所示，在"网页安全防护"选项卡设置防护项的开启和关闭。

2）网络安全防护：在如图 6-31 所示的"网络安全防护"选项卡中，主要是对网页木马防护的设置，可以拦截夹带木马的网站，以及拦截未知网站文件非常有用。

图 6-27　开始安装

图 6-28　安装完成进入主界面

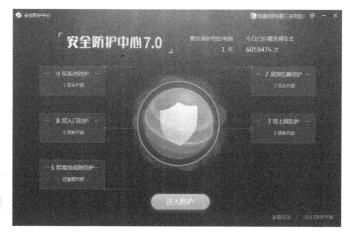

图 6-29　360 安全防护中心

3）应用防护：如图 6-32 所示，可锁定默认浏览器，防止篡改 IE 主页，同时还有拦截输入法木马、保护桌面图标、净化安装捆绑软件等防护选项。

图 6-30   网页安全防护设置

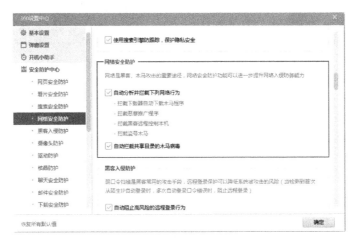

图 6-31   网络安全防护

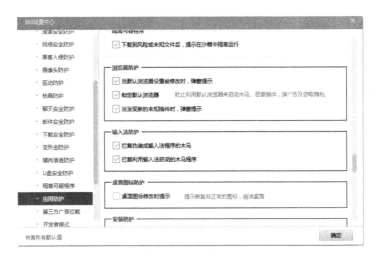

图 6-32   应用防护

4）下载安全防护：如图 6-33 所示，这个功能主要针对右键附件及其他工具下载文件的检查。

5）主动防御服务：如图 6-34 所示，可以实时监测文件，虽然比较占内存和资源，但建议保留此服务。

图 6-33 下载安全防护　　　　　　　图 6-34 主动防御服务

6）其他设置可按需求调整也可默认选项。

实验操作 3 Internet 应用

【实验目的】

1. 掌握 Internet Explorer 的使用。

2. 掌握搜索和下载网络资源及网上娱乐。

【实验内容】

通过百度网站搜索"搜狗输入法"，用"迅雷"工具下载至本机 D 盘上。

【操作步骤】

1. 启动 IE 浏览器，在地址栏中键入百度网址（http：//www. baidu. com）后按"Enter"键。

2. 在"搜索引擎"文本框中输入"搜狗输入法"，再单击"百度一下"按钮，如图 6-35 所示。

图 6-35 百度搜索"搜狗输入法"

3. 找到"搜狗输入法"的官方网站并打开，单击"立即下载"按钮，如图 6-36 所示。

4. 下载完毕后可到下载目录中查看，如图 6-37 所示。

图 6-36　"搜狗拼音输入法"官方网站

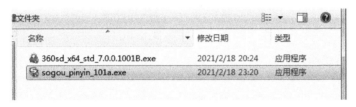

图 6-37　在下载目录中查看已下载的软件

习　题　6

【选择题】

1. 计算机病毒是指（　　　）。

A. 带细菌的磁盘　　　　　　　　　　　　B. 已损坏的磁盘

C. 具有破坏性的特制程序　　　　　　　　D. 被破坏了的程序

2. 最常见的保证网络安全的工具是（　　　）。

A. 防病毒工具　　　　B. 防火墙　　　　C. 网络分析仪　　　　D. 操作系统

3. 物联网的核心是（　　　）。

A. 应用　　　　　　　B. 产业　　　　　C. 技术　　　　　　　D. 标准

4. 计算机病毒主要造成（　　　）的损坏。

A. 软盘　　　　　　　B. 磁盘驱动器　　C. 硬盘　　　　　　　D. 程序和数据

5. 云计算是对（　　　）技术的发展与运用。

A. 并行计算　　　　　B. 网格计算　　　C. 分布式计算　　　　D. 以上都是

6. 下列关于正版软件所提供的"保证"的说法，正确的是（　　　）。

A. 正版软件一般不会受病毒的侵害

B. 得到厂商的支持，只需打个电话，就可以获得帮助，并且享受升级和更新

C. 免受法律诉讼之扰

D. 以上都是

7. 下列选项中，正确的邮件地址格式是（　　　）。

A. user@ mail. com   B. user. mail. com

C. @ user. mail. com   D. mail. com@ user

8. 下列软件中，能够浏览网页的是（   ）。

A. realPlayer   B. Windows Media Player

C. 腾讯 QQ   D. Internet Explorer

9. 智能健康手环的应用开发，体现了（   ）的数据采集技术的应用。

A. 统计报表   B. 网络爬虫   C. API 接口   D. 传感器

10. 在以下物联网的特征中，错误的一项是（   ）。

A. 全面感知   B. 可靠传输   C. 智能处理   D. 虚拟化

11. 我国在语音语义识别领域的领军企业是（   ）。

A. 科大讯飞   B. 图普科技   C. 阿里巴巴   D. 华为

【填空题】

1. 在用 ADSL 方式上网时，上行与下行的数据传输速率_____（相同/不相同）。

2. 互联网服务提供商的英文缩写是_____。

3. Wi-Fi 是可以将计算机、手持设备等相互连接的技术，采用的是_____（有线/无线）传输方式。

4. TCP 是_____控制协议的英文缩写，_____即网际协议。

5. IP 地址采用_____位二进制数编码，通常表示为_____个点分十进制数。

6. _____通常是有两个以上不同网络 IP、连接不同网络的设备。

7. 代表商业性机构或公司的顶级域名为_____。

8. 将域名翻译成 IP 地址的过程称为_____解析，完成解析任务的服务器称为 DNS 服务器。

9. _____是超文本传输协议的简称，_____是文本传输协议的简称。

10. 密码系统根据密钥使用原理的不同可分为_____和_____两类。

11. 计算机病毒属于_____范畴。

12. 目前在企业内部网与外部网之间，检查网络传送的数据是否会对网络安全构成威胁的主要设备是_____。

13. 信息安全的特性包括_____、_____、_____、_____、_____。

14. 把_____通过编码变成_____的过程就叫加密，其编码算法的核心是_____。

15. 大数据起源于_____。

【简答题】

1. 什么是信息安全？它通常包括哪几个方面的内容？

2. 什么是计算机病毒？计算机病毒具有哪些特点？

3. 如何设置多个浏览器主页？如何删除浏览器主页？

4. 谈谈你对网络道德的认识，你认为的社会责任应包括哪些？

部分习题参考答案

习 题 1

【选择题】

1. B   2. B   3. C   4. B   5. C   6. B   7. B   8. D

9. B   10. D   11. C   12. C

【填空题】

1. 运算器、控制器、存储器、输入设备、输出设备，运算器、控制器

2. 主机电子器件，电子管、晶体管、中小规模集成电路、大规模或超大规模集成电路

3. 硬件系统、软件系统

4. 系统、应用，系统

5. 外、辅助

6. 鼠标、键盘

【简答题】

1. 计算机硬件是指构成计算机的物理设备，即由机械、电子器件构成的具有输入、存储、计算、控制和输出功能的实体部件。

2. 科学计算（或数值计算）、数据处理（或信息处理）、计算机辅助技术、过程控制（或实时控制）、人工智能（或智能模拟）、网络应用。

3. 按住该键不放，可输入上档的各种符号，也可进行大小写字母的转换。

习 题 2

【选择题】

1. B   2. A   3. C   4. D   5. B   6. C   7. A   8. A

9. D   10. C   11. D   12. B   13. B   14. A   15. B

【填空题】

1. 任务栏   2. Shift

3. Alt + Tab   4. 排序方式

5. 空格，Ctrl + Shift   6. 堆叠显示窗口、并排显示窗口

7. PrintScreen   8. Ctrl + A

9. Alt + F4   10. 拉伸、平铺、居中

【判断题】

1. ×   2. √   3. ×   4. ×   5. ×

6. √   7. √   8. ×   9. √   10. √

【简答题】

1. 进行"任务栏设置"可以实现自动隐藏任务栏，在任务栏上的非按钮区域单击鼠标右键，在弹出的快捷菜单中选择"任务栏设置"命令，即可打开任务栏设置窗口，将窗口右侧"在桌面模式下自动隐藏任务栏"的开关打开即可。

2. 利用"Alt + Tab"组合键可以快速切换窗口。

3. 快捷方式是一个指向指定资源的指针，可以快速打开文件、文件夹或启动应用程序，减少了用户在计算机中查找文件等资源的操作。

习 题 3

【选择题】

1. B	2. B	3. B	4. B	5. A	6. A	7. D	8. C
9. A	10. B	11. C	12. C	13. C	14. B	15. D	16. B
17. A	18. B	19. C	20. A				

【填空题】

1. Insert
2. Ctrl + Home，Ctrl + End
3. 复制、剪切
4. 段落，整个文档
5. 首行缩进、悬挂缩进
6. 格式刷
7. 审阅、校对
8. Ctrl + A，Alt
9. 下沉、悬挂
10. 页面设置、文字方向

【判断题】

1. ×	2. ×	3. √	4. √	5. √	6. √	7. ×	8. √
9. √	10. ×	11. √	12. ×	13. ×	14. √	15. √	

【简答题】

1. 单击"文件"选项卡→"信息"选项组→"保护文档"按钮，选择"用密码进行加密"命令，打开"加密文档"对话框，输入密码，单击"确定"按钮，再次输入密码，单击"确定"按钮。

2. 下一页，连续，偶数页，奇数页。

3. 合并单元格：选定需要合并的单元格，单击"布局"上下文选项卡→"合并"选项组→"合并单元格"命令。或右击在弹出的快捷菜单中，选择"合并单元格"命令。

拆分单元格：将光标放在要拆分的单元格内，单击"布局"上下文选项卡→"合并"选项组→"拆分单元格"命令→弹出"拆分单元格"对话框，输入要拆分的行数和列数进行设置。或右击在弹出的快捷菜单中，选择"拆分单元格"命令，弹出"拆分单元格"对话框进行设置。

4. 嵌入型、四周型、紧密型环绕、穿越型环绕、上下型环绕、衬于文字下方、浮于文字上方等方式。

习 题 4

【选择题】

1. C	2. B	3. D	4. B	5. C	6. D	7. A	8. A

9. A　　　10. B　　　11. C　　　12. A　　　13. C　　　14. D　　　15. C

【填空题】

1. 工作簿　　　　　　　　　　　　2. 6，6

3. 从 B3 到 E5　　　　　　　　　　4. 9

5. 单元格　　　　　　　　　　　　6. '0531

7. 0 空格　　　　　　　　　　　　8. −123

9. 套用表格格式　　　　　　　　　10. 左，上

11. 自动调整列宽　　　　　　　　　12. 左对齐

13. B3 单元格的绝对地址　　　　　14. 行号，列标

15. 单元格列宽不够，容纳不下　　　16. TRUE

17. 相对引用　　　　　　　　　　　18. 排序

19. 高级筛选　　　　　　　　　　　20. 排序

【判断题】

1. ×　　　2. ×　　　3. √　　　4. ×　　　5. √

6. √　　　7. ×　　　8. √　　　9. √　　　10. ×

【简答题】

1. 工作簿：是 Excel 的文件，由若干个工作表组成。单元格：工作表中，由行和列交叉形成的方格，是存储数据的基本单位。

2. 相对引用直接用列标和行号表示单元格。在相对引用中，如果公式所在单元格的位置改变，引用也随之改变，如果复制公式，引用会自动调整。

在表示单元格的列标或行号前加 $ 符号的单元格引用被称为绝对引用。绝对引用的最大特点是在被复制或移动过程中，公式中的单元格地址始终保持不变。

混合引用具有绝对列和相对行，或是绝对行和相对列。如果公式所在单元格被复制或位置改变时，则相对引用改变而绝对引用不变。

3. 方法一：在 A1 单元格中输入 3，在 A2 单元格中输入 7，然后同时选中 A1、A2 单元格，拖动填充柄拖至 A10 单元格即可。

方法二：在 A1 单元格中输入 3，同时选中 A1：A10 单元格，在"开始"选项卡→"编辑"选项组→"填充"→"序列"对话框中设步长值为 4 的等差序列，单击"确定"按钮即可。

4. 柱形图、折线图、饼图、条形图、面积图、散点图、股价图、曲面图、雷达图、树状图、旭日图、直方图、瀑布图等。

习　题　5

【选择题】

1. C　　2. C　　3. A　　4. D　　5. A　　6. B　　7. A　　8. D

9. B　　10. D　　11. B　　12. C　　13. D　　14. A　　15. D　　16. B

17. C　　18. A　　19. B　　20. D

【填空题】

1. 主题　　2. 占位符　　3. 大纲　　4. 超链接　　5.9

【判断题】

1. ×　　2. ×　　3. √　　4. √　　5. √　　6. √　　7. √　　8. ×　　9. √　　10. √

【简答题】

1. 选择"插入"选项卡,单击插图组中的"SmartArt"按钮,在弹出的"选择 SmartArt 图形"对话框中,选择"层次结构"中的"组织结构图"。

2.（1）选择幻灯片→选择"插入"选项卡→单击插图组中的"形状"按钮→从形状下拉列表中选择"动作"按钮组内的"开始"按钮。

（2）在幻灯片内,鼠标指针为" + "形状,按住鼠标左键并拖动,松开鼠标将"动作"按钮插入到幻灯片中,弹出"动作设置"对话框。

（3）在"动作设置"对话框中选择超链接到下拉列表框中合适位置。

（4）单击"确定"按钮。

3. 设置演示文稿的放映时间的方法有两种,分别是手动设置放映时间、使用排练计时。

习 题 6

【选择题】

1. C	2. B	3. A	4. D	5. D	6. D
7. A	8. D	9. D	10. D	11. A	

【填空题】

1. 不相同	2. ISP
3. 无线	4. 传输,IP
5. 32,4	6. 路由器
7. com	8. 域名
9. HTTP,FTP	10. 对称密钥密码系统、非对称密钥密码系统
11. 程序	12. 防火墙

13. 保密性、完整性、可用性、可控性、不可抵赖性

14. 明文、密文,密钥	15. 互联网

【简答题】

1. 国际标准化组织和国际电工委员会在"ISO/IEC 17799:2005"协议中对信息安全的定义是这样描述的:保持信息的保密性、完整性、可用性;另外,也可能包含其他的特性,例如真实性、可核查性、抗抵赖和可靠性等。

具体可分为六个方面:计算机系统安全、数据库安全、网络安全、病毒防护安全、访问控制安全、加密安全。

2. 计算机病毒就是一种人为编制的特殊的程序。除了具备程序的特点,计算机病毒还具有潜伏性、激发性、传染性、隐蔽性和破坏性。

3. 方法不止一种,其中一种是:在 IE 浏览器的工具栏选择"设置",选择"Internet 选项",在打开的对话框中选择"常规"选项卡,在"主页"输入框中依次输入多个浏览器主页地址,每个主页地址占一行,最后单击"确定"或"应用"按钮。

在"Internet 属性"对话框中,选择"常规"选项卡,在"主页"列表框中选择需要删除的浏览器主页地址,按"Delete"键删除该主页地址,最后单击"确定"或"应用"按钮。

4. 略。

参 考 文 献

［1］山东省教育厅. 计算机文化基础 ［M］. 青岛：中国石油大学出版社，2020.

［2］刘文凤. Windows 10 中文版从入门到精通 ［M］. 北京：北京日报出版社，2018.

［3］段红. Windows 10 计算机应用基础 ［M］. 北京：清华大学出版社，2018.

［4］刘卉，张研研. 大学计算机应用基础教程 ［M］. 北京：清华大学出版社，2020.

［5］曾爱林. 计算机应用基础项目化教程 ［M］. 北京：高等教育出版社，2019.